模糊的腳印

Lost Footprints

孫啟元 著

作者簡介

孫啟元(William SUEN Kai Yuen)

出境遊、遊世界、自由行 總編輯

野生動物、海底生態 攝影家

野生動物保護基金會 創辦人

郭良蕙文學創作基金會 創辦人

二〇〇四年獲任中國動物學會獸類學分會理事 任期四年。
二〇〇四年獲任東北林業大學野生動物資源學院兼職教授 任期三年。
二〇〇四年獲任廣州大學生物與化學工程學院客座教授 任期三年。

郭良蕙長子，臺灣嘉義出生，屏東眷村長大，乳名小熊。自幼聰穎，個性靜中帶動，喜獨處，交遊廣濶。興趣多樣性，常思考，常閱讀，常探討人生，常思維哲學。好搖滾、爵士、古典音樂，好鑽研考古，好攝影寫作。熱愛大自然，屢屢觀察動物行為。熱愛旅遊，足跡遍布全世界。

一九七一年，奉母之命，旅居香港，放眼世界，培養獨立精神，發揮大無畏遺傳基因，海濶天空，放蕩不羈。
一九七九年起，任職多份雜誌主編。
一九八〇年起，周遊列國。
一九九一年起，專注哺乳類野生動物行為觀察，進出非洲六十餘次。
一九九三年起，醉心潛水，探索海洋生態。
一九九四年起，投入原始部落演化過程，前進巴布亞新幾內亞五次。

一九九六年起，先後在香港舉辦十三次個人生態攝影展；同時期於臺灣舉辦十次生態攝影個展；接受包括CNN電視臺、SCMP南華早報、RTHK香港電視臺、BBC中國廣播公司、TTV臺灣電視公司等訪問。

二〇〇〇年起，和裴家騏教授、賴玉菁教授組織研究團隊，開始進行香港哺乳類野生動物調查。

二〇一四年起，校對並出版母親生前六十四部著作全集，捐贈各大圖書館。

至今，已成為當今野生動物、海底生態攝影家，兼野生動物、海底生態研究愛好者，也是中國古文物業餘研究鑑定學者。

歷年著作包括：

「蠻荒非洲」
「誰在乎攝影」
「飛來的異鄉客」
「非常攝影」
「野性的堅持」

「永遠的禁錮」
「荒野狂奔」
「靜止中的流動」
「狗臉歲月」
「謎樣的裸露」
「模糊的腳印」
「走樣的臉孔」
「住在城裡的野人」
「蝙蝠的危機上冊」
「蝙蝠的危機下冊」
「遊子心 我的母親——作家 郭良蕙」
「醜陋的傳教士」
「眷村小子 外省掛」
「二二八的原住民」
「蠻荒非洲巡狩誌」

序

○○○

藝術秉賦過強，無法阻止啟元不往藝術的道路奔跑。最初他練習鋼琴，結他，試圖投考藝專發展音樂才能，而我這作家長的當時正在東南亞旅行，立即書寫一封長達五頁的信函勸導他打消意念。本人因環境所限，惟一能走的便是可以無師自通之寫作道路，其間備感從事文學藝術的辛苦。而啟元文科理科均佳，何不攻取科技？至少不會受到感情和經濟雙重壓力。

啟元幼年便喜愛繪畫，少年期的油畫作品已很驚人。但是身為家長，也不願他走繪畫的道路自苦。不過日後他創辦的多種刊物，都和藝術有關，以圓其熱衷的夢幻。雖然早已放棄塗抹的彩筆，但他卻使用大小鏡頭捕捉畫面，所顯示的藝術更生動，更廣泛。近兩年，他獨資設立「野生動物保護基金會」，致力環保，研討生態，不斷出奇制勝，也令人始料未及。

○○○

孩童，單純善良，具有愛心。年歲增長，愛心減削，轉為私心，私心則利己排他，殘暴殘忍。愛美，人之天性，但過份愛美，則形成虛榮。自古以來，人類一逕獵殺獸類，並且創下「獸死留皮」的美名而斬獲各種華麗毛皮沾沾自喜。當年本人也隨波逐流，虛榮得可以，求學時期便賴着母親購買皮大衣，而且想望豹皮大衣。總認為大人那句「太年輕穿皮衣，年老就無法禦寒」是拒絕藉口。母親的女友見我不肯罷休，慨然以豹皮大衣相贈，但我並不滿意，原因是此豹皮並非那大而黑的空心呈圓點狀之金錢豹，而是黑條紋和小黑實心圓點。不過也聊勝於無。日後自己辛勤工作，有能力換取到不止一件真正的豹皮大衣，可以説是風光一時。

但是物質不能使人長久滿足，即令再美好，也會失去新鮮感。亞熱帶的皮大衣等於「養兵千日，用在一時」，難得派上用場。何況全球高呼保護動物，豹皮大衣也就打入冷宮，扔到不見天日的角落。及至讀到啟元的「模糊的腳印」，架設紅外線相機拍錄出瀕臨絕跡的「豹貓」及「麝香貓」等，據統計資料，都曾是中國大陸外貿重點毛皮，每年銷售達十數萬張。由圖片花紋看來，就是我最初擁有的皮大衣，思之愧然。自己雖不是直接兇手，卻也是幫兇從犯；倘若人人禁購，獵戶無利可圖，誰還再去殺生？一點也不錯：環保靠大眾。

○○○

天下事，都有定數，早年穿皮大衣，間接殺害豹貓、麝香貓；現在由啟元站起來為豹貓等代言請命。繼「蠻荒非洲」後連續出版的十部報導文學，啟元現又推出「模糊的腳印」，運用靈活犀利的激流式筆觸，把動物分別人性化，使之如同懸疑小說一般引人入勝。

○○○

「模糊的腳印」雖屬專業生態研究，卻以文學報導方式，足令雅俗共賞，且讀之深思。上帝賦與一切生命生存權，讓人類管理地球，而非迫害地球。營救其他生命，使之生態平衡，否則人類的迫害必然臨到人類本身。

不論年長，或年少，「模糊的腳印」會帶給你新感受，新層面，原來周身竟隱藏這麼多問題，不由你不關懷，不憐憫，不同情。進而行動。

郭良蕙

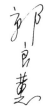

前言

〇〇〇

那年，香港山頭，果實纍纍；香港山頭，茶花朵朵。
環山遍野，栽種的盡是果木茶樹。
山地居民，其樂陶陶。

〇〇〇

那年，香港山頭，枯木遍地；香港山頭，磊石裸露。
環山遍野，散布的盡是礫堆岩塊。
果民茶農，一哄而散。

○○○

那年，香港山頭，播種育苗；香港山頭，植樹造林。
環山遍野，成長的盡是松榕相思。
遊人路客，心曠神怡。

○○○

那年，香港山頭，枝葉茂盛；香港山頭，叢林處處。
環山遍野，看見的盡是生物多樣。
蛙蟲鳥獸，欣然進駐。

○○○

盲目開墾。
草草廢耕。
匆匆播種。
急急育苗。

香港的生態環境，歷盡滄桑。

經過四十年復育的次生林，再度欣欣向榮。
曾經不見踪影的野生動物，紛紛拋頭露面。

瀕臨絕跡和已成絕響的野生動物，踩着模糊的腳印，棲息次生林，若隱若現在活動。

○○○

那年，連接着郊野公園和郊野公園之間，已經少之又少的生態廊道不見了。

規劃成為郊野公園的周圍，塵土飛揚。工程車，穿梭不息，像是忙碌的蟻群，奔波來去。

萬丈高樓平地起。

千里路面交織築。

大型的施工計劃連接更大型的施工計劃。大型的基建工程挺進更大型的基建工程。

參差不齊的新移民，接踵而至。

怨聲載道的舊居民，鼓噪不安。

中學三年級教育程度以下，卻高達流動人口百分之五十以上的人潮，正急速上揚。

燃眉之急的社區開發和交通疏導，刻不容緩，勢在必行。

大家憑着不著邊際、毫無根據的生態環境評估，開山闢野，放肆興工。

規劃成為郊野公園的周圍，天天沙塵滾滾。

○○○

規劃成為郊野公園的周圍，煙霧彌漫。原住民，你燃我點，像燒香的居士，勤快誠意。

火苗熊熊滿地紅。

漫天灰燼遮日月。

放火燒山連接更加胆大包天的放火燒山。迷信火燒旺地挺進變本加厲的火燒旺地。

自私自利的原住民，你呼我應。

沆瀣一氣的老村民，拍案叫絕。

中學三年級教育程度以下，卻高達流動人口百分之五十以上的人潮，正急速上揚。認為祖先有靈的神明指點和前人託夢，刻不容緩，勢在必行。

大家一邊恥笑那些不著邊際、毫無根據的生態環境評估，任意縱火，隨心所欲。

規劃成為郊野公園的周圍，天天烏煙瘴氣。

○○○

規劃成為郊野公園的周圍，人聲呱呱，意見分歧，各有各的打算。大家卻一致認為開山闢野和放火燒山，統統都不影響正受法律保障的郊野公園。

義憤填膺的野生動物，逐一迷失在郊野公園裡面，面面相覷，個個拍彈着耳朵，惴惴不安。你跟我隨，你來我往，踩着模糊的腳印，圍繞封閉的獸徑團團轉。

與高采烈的歲月已去了。

歡天喜地的時光不再了。

○○○

那年，本來連接郊野公園和郊野公園之間，少之又少的生態廊道全都不見了。

「野生動物保護基金會」，於二〇〇〇年九月開始進行香港哺乳類野生動物調查，累積兩年的追踪資料顯示，目前正在利用香港次生林棲息活動的哺乳類野生動物有三十八種，計非飛行哺乳類野生動物二十四種，翼手目哺乳類野生動物十四種。

哺乳類野生動物在香港頻繁活動的實際情況，現在得以真相大白了。

目錄

行踪飄忽撲朔迷離的黃喉貂 Yellow-throated Marten

族群逐漸擴散的恆河獼猴 Rhesus Macaque

導讀

○○○

興趣是時間培養。

目標是經驗累積。

我不知道現在方才畢業的大學生，究竟會為自己的前途做些什麼打算。

我卻利用過去十年裡面，長短不等的大小假期，來往非洲三十餘次，然後才為自己的前途做出了決定。

在非洲，我因為白種人從事生態研究的熱誠而感動。

在非洲，我因為白種人從事生態研究的執著而徹悟。

在非洲。我因為白種人從事生態研究的嚴肅而警覺。

於是，我認為維護自然環境的計劃，並非一定要由白種人策動。

於是，我認為保護野生動物的行動，並非一定要由白種人監督。
於是，我認為衛護野生植物生態廊道的成效，並非一定要由白種人驗收。

白種人行，黃種人也得要行。

結果，我創辦清一色黃種人參與的「野生動物保護基金會」。

○○○

二○○○年三月，「野生動物保護基金會」正式成立。
二○○○年三月，我決定要為推動兩岸三地生態研究作一些貢獻。

我為基金會擬訂三個方向——

一、鼓勵正在大學求學，相關生態、生物、環境科學的本科學生，欲頒發獎學金，表達對於同學的肯定與支持。但求培育人材。

二、進行本地哺乳類，鳥類，兩棲爬行類，植物類等生態研究計劃，製造就業機會，力邀兩岸三地專家學者共同指導，廣泛收集數據，解答生態現狀，探討未來方向，並為多項專研找出詳盡的比對資料。但求實際行動。

三、主辦各項有關生態調查的專題研討會，積極創造兩岸三地專家的意見交換和磋磨彼此的寶貴機會。但求交流專業。

〇〇〇

進行兩岸三地研討會，確實讓我認識不少從事生態研究的學者、以及各展其長的專家，令我由衷肅然起敬。

原來，兩岸都有學者專注生態追踪，聚精會神。

原來，兩岸都有學者專注生態研究，埋頭苦幹。

原來，兩岸都有學者專注生態評估，樂此不疲。

我想起最近白種人的反覆指責，說黃種人虐待流浪狗。

我想起最近白種人的反覆指責，說黃種人抽盡黑熊胆汁。

我想起最近白種人的反覆指責，說黃種人在遠洋漁船，任意割下活生生的鯊魚背鰭。

我想起最近白種人的反覆指責，說黃種人大肆圈養老虎，為的就是喝虎骨酒和吃可能壯陽的虎鞭。

我想起最近白種人的反覆指責，說黃種人連可愛的海馬也不肯放過。

白種人才是鼓吹保護野生動物、維護自然生態平衡的專家？

黃種人難道不是保育野生動物、維護自然生態平衡的專家？

可悲的黃種人，才會向白種人申訴一些不肖的黃種人。

我決定敦促兩岸三地的生態專家，各展己長，共同指導，轉移技術，就在香港開始新一輪的生態學術研究。

何況，香港從來沒有進行持續不斷的生態學術調查。

何況，香港從來沒有累積連續不斷的生態學術數據。

○○○

香港，高聳的建築，狹窄的街道，林立路邊的商店，比鄰經營的酒樓，車水馬龍，燈紅酒綠，人頭湧湧，人聲沸騰。

人，走在香港，已經不自覺地沉淪沉淪，載浮載沉，醉生夢死。

香港哪裡有山？

香港哪裡會有森林？

香港怎麼可能還有野生動物？

難怪中國大陸中央給香港地方的指示，也就是——

馬照跑。舞照跳。五十年不變。

香港，彈丸之地。香港人，麻木不仁。

〇〇〇

香港，其實有山，而且是層疊山嶺。

香港，其實有森林，而且是枝葉茂盛的次生林。

香港，其實有大小不同的野生動物，而且是屬種不一，屬於華南易危的稀有物種。

香港，幾十年以來，已經是華南物種齊聚一堂的僅存棲息地。

香港，哪怕地質堅硬，盡是淺根的先鋒植物，後來居上的本土果樹，卻早已默默地為僥倖存活的野生動物，創造奇蹟似的自然生態再生環境。

早年廢耕的田地，濃蔭遮天。

早年荒蕪的茶園，碧綠青翠。

香港，曾幾何時，郊區儼然又成為不可或缺的生態廊道。

香港，曾幾何時，市區周圍從此生生不息充滿神秘色彩。

○○○

香港，含香港本島、新界九龍半島、大嶼山離島、四周大小島嶼，總面積一○六五平方公里。列為自然生態保護區面積，計四五四點四二平方公里，約占香港總面積百分之四十三。

香港，陸地自然生態保護區包括——

一、城門郊野公園，一四○○公頃。

二、金山郊野公園，三三七公頃。

三、獅子山郊野公園，五五七公頃。

四、香港仔郊野公園，四二三公頃。

五、大潭郊野公園，一三一五公頃。

六、西貢東郊野公園，四四七七公頃。

七、西貢西郊野公園，三〇〇〇公頃。
八、船灣郊野公園，四五九四公頃。
九、南大嶼郊野公園，五六四〇公頃。
十、北大嶼郊野公園，二二〇〇公頃。
十一、八仙嶺郊野公園，三一二五公頃。
十二、大欖郊野公園，五三七〇公頃。
十三、大帽山郊野公園，一四四〇公頃。
十四、林村郊野公園，一五二〇公頃。
十五、馬鞍山郊野公園，二八八〇公頃。
十六、橋咀郊野公園，一〇〇公頃。
十七、新船灣郊野公園，六三〇公頃。
十八、石澳郊野公園，七〇一公頃。
十九、薄扶林郊野公園，二七〇公頃。
二十、北大潭郊野公園，二七〇公頃。
二十一、清水灣郊野公園，六一五公頃。
二十二、新西貢西郊野公園，一二三公頃。

二十三、龍虎山郊野公園，四十七公頃。
二十四、大埔滘自然保護區，四六〇公頃。
二十五、東龍島炮臺特別地區，三公頃。
二十六、蕉坑特別地區，二十四公頃。
二十七、馬屎特別地區，六十一公頃。
二十八、米埔自然保護區，三八〇〇公頃。
二十九、香港濕地公園，六十公頃。

不同的郊野公園和自然保護區邊緣，更存在數之不盡、具有爭議性的荒蕪土地，香港自然生態保護區和周邊面積遠遠超過五〇〇平方公里。香港自然生態環境，占香港總面積百分之五十強。

〇　〇　〇

二〇〇〇年四月，我看見報紙大肆批評，說是有人在南臺灣鼓吹獵殺野豬，利用被殺死的野豬數字與頭骨，作為野豬族群評估。於是在南臺灣的屏東，我認識了裴家騏。

裴家騏，正是當時融合原住民狩獵習俗、以及野豬族群分析和其對於生態環境影響程度，那個計劃的主持人。

當年，我對於原住民合法獵殺野豬行為，頗有微辭。

當年，從認識到對話，從交往至觀察，我卻發現裴家騏不僅是一個在美國念完博士學位就斷然決定回臺執教，滿腦子熱誠的生態研究學者；據稱就在他進修碩士學位，已經醉心任何有關哺乳類野生動物相關研究。

先是山羌。

後來是果子狸。

然後是獼猴。

現在欲罷不能的是梅花鹿。

而且，只要是有關哺乳動物，和任何有關利用哺乳動物評估生態環境的題目，他就會一頭栽進題目，找方法，提論點，講技巧，求完美。

看來並不像外界傳言——這是一個極具爭議性的人物。他應該是一個實事求是，敢於面對問題、解決問題的學者。

〇 〇 〇

二〇〇〇年六月，我嘗試和裴家騏合作，舉辦第一次「野生動物研究及調查方法」座談會。

那個時候，裴家騏正在熱心推薦他認為是天衣無縫——利用紅外線熱感應自動相機，全天候日夜追踪哺乳動物，由拍攝資料即可驗証族群數量、動植物關係的森林哺乳類野生動物調查方法。

我決定試探裴家騏對於在香港主導哺乳類野生動物調查的意願。

畢竟，香港人獸爭地，可能不少哺乳類野生動物習慣日夜顛倒，晝伏夜出，觀察機會微乎其微。

畢竟，香港哺乳類野生哺動物調查，一向無從入手。

○　○　○

二〇〇〇年七月初，我邀請裴家騏到香港初步勘察。我們在香港半山區開車繞了兩圈。看見綿亙的樹林，也看見在樹幹爬上竄下、活蹦亂跳的赤腹松鼠。

二〇〇〇年七月底，裴家騏毅然決然來到香港，隨行四個得力助手——阿志、阿酷、鼎芬、怡如，隨身携帶一籮筐調查器材，還運來一大批野外裝備，像是紅外線熱感應自動相機、小型哺乳動物捕捉籠、測量儀器、營帳、炊具、繩索、雨靴、開山刀、指南針。全套登山打扮，浩浩蕩蕩，大家都進駐當時我們決定的香港仔郊野公園實驗站，開始正式調查之前的熱身活動，決定設置第一部紅外線熱感應自動相機，也捕捉到第一隻稀奇的小山鼠。

從此以後，裴家騏每個月都會從臺灣飛來香港，每個月都會在香港待上好幾天。

一起登山。

一起鑽山林。

一起全身惡臭。

一起設立觀察點。

一起滑倒一起摔跤。

一起跌倒又再站起來。

從此以後，裴家騏決定主導香港哺乳類野生動物調查。

○　○　○

二〇〇〇年九月，「野生動物保護基金會」，正式執行紅外線熱感應自動相機追踪香港哺乳類野生動物全面性調查。

香港生物多樣性，香港哺乳類野生動物與棲地關係，香港生態環境維持與生態廊道的架構，多項調查，陸續拉開序幕。

「野生動物保護基金會」，從此成為香港生態學術研究機構，從此如火如荼進行各式各樣生態學術探討與研究，從此一再累積曾所未有的生態數據和生態資料。

○○○

香港哺乳類野生動物，就在紅外線熱感應自動相機，全天候日夜追踪之下，紛紛露臉。

相機，不但披露現今香港動物活動範圍。

相機，也詮譯過去香港對於動物猜測的逐一懸案。

果子狸，活躍於香港本島和新界九龍。

豹貓，神秘兮兮在香港本島和新界九龍蹓躂。

麝香貓，在香港本島和新界九龍徘徊不去。

水獺，躲躲藏藏在新界九龍西北區域的濕地和魚塘。

赤麂、野豬、鼬獾，大家理性地分散在香港本島、新界九龍、大嶼山離島。

野狗和野家貓，隱姓埋名，在香港本島、新界九龍、大嶼山離島，四處可見。

野黃牛，於新界九龍和大嶼山離島遍野分布。

野水牛，於大嶼山離島海邊沙灘和灌叢分頭聚集。

紅頰獴，在新界九龍探頭探腦。

食蟹獴，也在新界九龍引頸張望。

穿山甲，偶爾路過，出現新界九龍和大嶼山離島。

鼠類和鼩鼱，遍地可見。

恆河獼猴，無可奈何，在新界九龍四處遊蕩。

黃喉貂，行踪飄渺，有待查証。

黃腹鼬，透過紅外線熱感應自動相機追踪，無所遁形，成為香港未曾記錄，首次發現的本土哺乳類野生動物。

香港，次生林的野生動物，經過追踪證實，川流不息。

香港，次生林首度證實，包羅萬象。涵蓋生物多樣性。

調查。

○○○

二〇〇一年六月，「野生動物保護基金會」決定展開香港翼手目哺乳類野生動物生態調查。

特別高興，邀請到經驗豐富、揚名國際的林良恭博士，前來香港主持是次長期生態調查。

林良恭，留學日本，現任臺灣東海大學生物系系主任，精通生態學、分類學，專長蝙蝠研究、小型哺乳動物研究、動植物關係研究。

就在林良恭的三個助理——家鴻、振漢、玉成，接二連三，從臺灣飛抵香港，馬不停蹄，探洞張網。經歷一年時間，初步調查已經成效豐碩。陸續發現飛進飛出，留連香港蝙蝠十四種。包括——

大鼠耳蝠。

大足鼠耳蝠。

水鼠耳蝠。

大葉鼻蝠。

雙色大耳小葉鼻蝠。

中蹄鼻蝠。（菊頭）

魯氏蹄鼻蝠。（菊頭）

小蹄鼻蝠。（菊頭）

扁顱蝠。

大褶翅蝠。（長翼）

南褶翅蝠。（長翼）

東亞家蝠。（伏翼）

犬蝠。

棕果蝠。

香港，蝙蝠族群數量，多呈穩定增長。

〇〇〇

二〇〇一年六月，我有幸認識香港漁農自然護理署助理署長，王福義博士。

王福義，博古通今，博聞強記，天文地理無不侃侃而談。

我欽佩他，因為他關心香港郊野公園的四十年植樹成效。

我欣賞他，因為他關切香港郊野公園的活動於次生林野生動物。

我尊敬他，因為他關懷香港郊野公園的熱心生態復育工作每一位基層員工。

王福義，更替香港特別行政區，爭取ＩＵＣＮ「國際自然保育聯盟世界保護區委員會東亞區域第五屆會議暨研討會」，二〇〇五年香港舉辦權。他為香港生態研究方向，拓開嶄新局面。

香港生態環境的培養與復育，從此受到國際重視與肯定。

○○○

二○○一年十月，漁農自然護理署正式接收「野生動物保護基金會」設置郊野公園一百部紅外線熱感應自動相機，同時委託「野生動物保護基金會」繼續執行為期半年的哺乳類野生動物相關調查。

這段時間，我認識漁農自然護理署高級自然護理主任，蘇炳民博士。

蘇炳民，正準備調往漁農自然護理署新近成立的生物多樣性護理科，被委任執行生物多樣性護理科的全面護理作業。

蘇炳民，畢業日本京都大學，精通生態保育、生物多樣性訓練、野生動物管理技術。

〇〇〇

二〇〇二年五月，「野生動物保護基金會」又做出一項重大決定，決定開始香港兩棲及爬行動物調查。

非常榮幸，我邀請到中國中央科學院成都生物研究所，謝鋒博士主持調查。並且邀請到江建平博士協同主持調查。

謝鋒，我是在二〇〇一年十月，主辦「野生動物調查及研究」研討會認識他。

那次，研討會認識的專家還包括——
張知彬博士，中國科學院動物研究所副所長。
賈競波博士，東北林業大學野生動物資源學院院長。
馬逸清教授，中國獸類學會副理事長。

謝鋒，印象深刻，年輕有為，敬業樂群，不辭辛勞，精益求精，旗幟鮮明，決策果斷。

密集的田野調查，至今僅僅一季的數據資料，已經大開眼界：

兩棲類，物種十八種。（從略）

爬行類，物種十九種。（從略）

〇〇〇

二〇〇二年五月下旬，漁農自然護理署再度委托「野生動物保護基金會」，執行第二個半年度，哺乳類野生動物相關研究，並且必須對郊野公園生態環境做出評估。紅外線熱感應自動相機，此時數目增加至一百二十五部。

負責生物多樣性護理科作業的蘇炳民博士，宏儒碩學、個性開朗、胆大心細、隨機應變、處變不驚，生態管理得心應手，得力助手也從廖家業和石仲堂二位，擴充幾近二十人。

〇〇〇

二〇〇二年六月，「野生動物保護基金會」又做出重大決定，勇往直前，決定立即執行微棲地野生植物分布情況密集調查。

二〇〇二年八月，漁農自然護理署，技術事務科、植物標本室，主動介入，積極參與植物物種鑑定工作。

二〇〇二年八月，已經安置超過兩百部紅外線熱感應自動相機，就在香港郊區次生林，全天候日夜追踪記錄哺乳類野生動物活動資料。

香港，自然生態環境分析與評估報告，指日可待。

○○○

「模糊的腳印」，香港野生哺乳類野生動物研究，第一本專輯，已經出版。第二本專輯，「走樣的臉孔」，也即將出版。

為了方便自己數據統計，我決定在「模糊的腳印」，將香港劃分成為七個不同的區域——

一、香港本島（薄扶林郊野公園、香港仔郊野公園、大潭郊野公園、石澳郊野公園）。

二、新界九龍半島東北區域（船灣郊野公園、八仙嶺郊野公園、沙螺洞、紅花嶺、蓮麻坑）。

三、新界九龍半島中西區域（城門郊野公園、大帽山郊野公園、大欖郊野公園、林村郊野公園、大埔滘自然保護區）。

四、新界九龍半島東南區域（金山郊野公園、獅子山郊野公園、大老山郊野公園、馬鞍山郊野公園、西貢郊野公園）。

五、新界九龍半島西北區域（米埔自然保護區、皇崗至后海灣區域）。

六、大嶼山離島東區（東涌道以東）。
七、大嶼山離島西區（東涌道以西）。

○○○

「模糊的腳印」出版了。
「模糊的腳印」完成了，讓我感覺生態教育的重要性。
「模糊的腳印」成型了，我在這裡特別要感謝——
王福義博士的信任支持。
裴家騏博士的監督指導。
林良恭博士的協同指導。
李玲玲博士的協同指導。
李壽先博士的實驗室支援。
賴玉菁博士的資料分析。
蘇炳民博士的協助。

楊路年博士的鼓勵。

侯智恒博士的參與。

漁農自然護理署的肯定。

郊野公園管理站生態復育工作人員的熱誠配合。

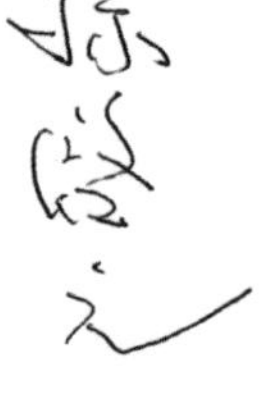

香港非飛行哺乳類野生動物現存名錄

二〇〇〇年九月至二〇〇三年四月調查結果

中文名稱	英文名稱	學名
針毛鼠	Spiny Brown Rat	*Rattus fulvescens* Gray
黑家鼠	Common Black Rat	*Rattus rattus* Linnaeus
鬼鼠	Bandicoot Rat	*Bandicota indica* Bechstein
臭鼩	Musk Shrew	*Suncus murinus* Linnaeus
灰鼩	Gray Musk Shrew	*Crocidura attenuata* Milne-Edwards
水獺	Eurasian Otter	*Lutra lutra* Linnaeus
恆河獼猴	Rhesus Macaque	*Macaca mulatta* Zimniermann
黃喉貂	Yellow-throated Marten	*Martes flavigula* Boddaert
黃腹鼬	Yellow-bellied Weasel	*Mustela kathiah* Hodgson
赤腹松鼠	Red-bellied Tree Squirrel	*Callosciurus erythraeus* Pallas
野黃牛	Feral Cattle	*Bos taurus* Linnaeus
野水牛	Feral Water Buffalo	*Bubalus bubalis* Linnaeus
野狗	Feral Dog	*Canis familiaris* Linnaeus
野家貓	Feral Cat	*Felis catus* Linnaeus
赤麂	Indian Muntjac	*Muntiacus muntjak* Zimmerinann
穿山甲	Chinese Pangolin	*Manis pentadactyla* Linnaeus
豹貓（石虎）	Leopard Cat	*Prionailurus bengalensis* Kerr
豪豬	Chinese Porcupine	*Hystrix hodgsoni* Gray
野豬	Wild Boar	*Sus scrofa* Linnaeus
食蟹獴	Crab-eating Mongoose	*Herpestes urva* Hodgson
紅頰獴	Javan Mongoose	*Herpestes javanicus* E. Geoffroy
鼬獾	Chinese Ferret Badger	*Melogale moschata* Gray
麝香貓	Small Indian Civet	*Viverricula indica* Desmarest
果子狸（白鼻心）	Masked Palm Civet	*Paguma larvata* Hamilton-Smith

香港翼手目哺乳類野生動物現存名錄

二〇〇一年六月至二〇〇二年十二月調查結果

中文名稱	英文名稱	學名
大鼠耳蝠	Large Mouse-eared Bat	*Myotis myotis*
大足鼠耳蝠	Rickett's Big-footed Bat	*Myotis ricketti*
水鼠耳蝠	Eastern Daubenton's Bat	*Myotis daubentoni*
大葉鼻蝠	Great Round-leaf Bat	*Hipposideros armiger*
大耳雙色小葉鼻蝠	Bi-coloured Roundleaf Bat	*Hipposideros pomona*
大褶翅蝠	Large Bent-winged Bat	*Miniopterus magnater*
南褶翅蝠	Lesser Bent-winged Bat	*Miniopterus pusillus*
中蹄鼻蝠	Intermediate Horseshoe Bat	*Rhinolophus affinis*
魯氏蹄鼻蝠	Rufous Horseshoe Bat	*Rhinolophus rouxi*
小蹄鼻蝠	Least Houseshoe Bat	*Rhinolophus pusillus*
扁顱蝠	Lesser Club-footed Bat	*Tylonycteris pachypus*
東亞家蝠	Japanses Pipistrelle	*Pipistrellus abramus*
犬蝠	Short-nosed Fruit Bat	*Cynopterus sphinx*
棕果蝠	Leschnault's Rousette Bat	*Rousettus leschnaulti*

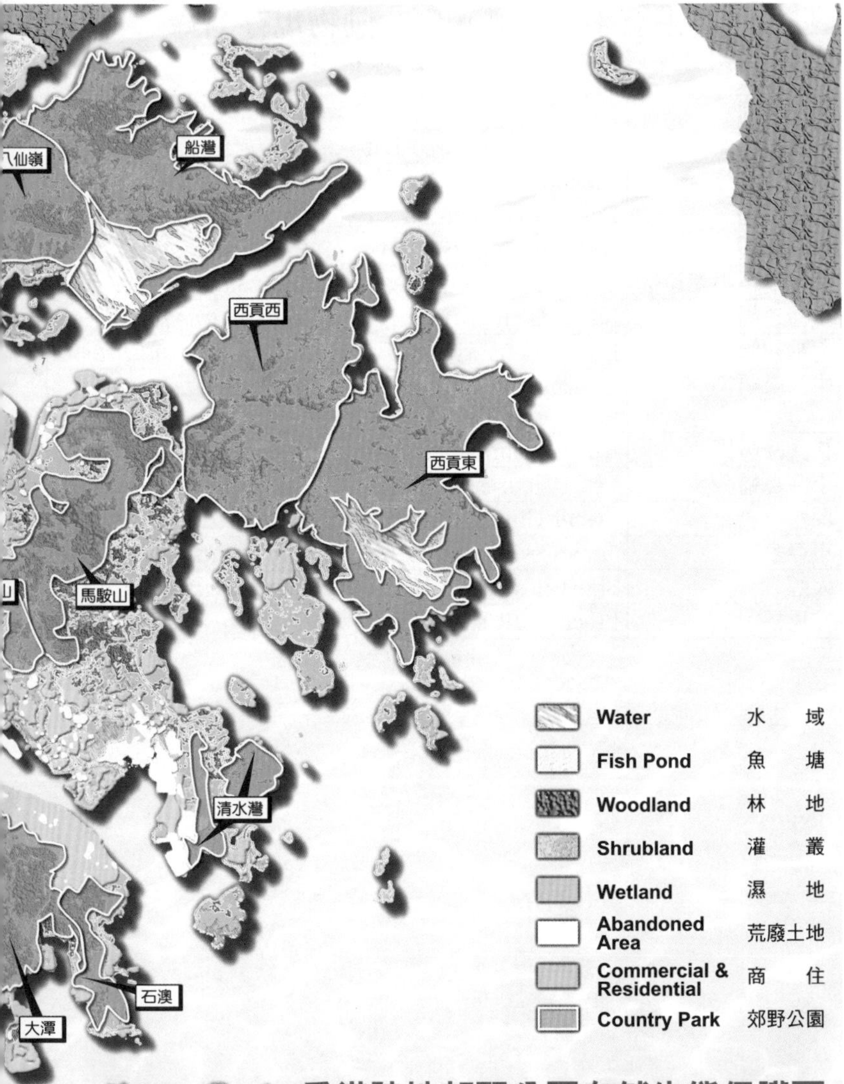

香港陸地郊野公園自然生態保護區

林村
大欖
城門
金山
北大嶼
南大嶼
薄扶林

我就是少了性生活

赤麂

INDIAN MUNTJAC

Muntiacus muntjak Zimmerinann

體重：25－28公斤
體長：99－106公分
尾長：17－19公分
懷孕期：6個月
壽命：10年

○○○

山谷，一片蒼鬱密林，枝葉扶疏。
樹，絞盡腦汁，各出奇謀，不顧一切朝上伸展。
樹枝，就像老是徘徊不去，眼神茫然，神情落寞，那隻公赤麂頭頂的角。
公赤麂，不知怎麼的，就在頭頂的角柄上端，彷彿雨後春筍，冒出新角。
角，迅速竄升，快速成形。

〇〇〇

蔓藤，糾纏不清，在密林藉着濃蔭，忽高或低，攀緣抓爬，左轉右彎，扭成一團。
蔓藤，各開各的花，各結各的果，彼此心懷鬼胎，爭奇鬥艷，為的就是要播種，為的就是要繁衍後代，為的就是要拓展領域。
熟透的山橙，一顆一顆，高掛枝頭，隨風搖曳，金黃橘紅，晶瑩剔透。

公赤麂，經不起誘惑，搖着腦袋，頂着大角，瞅着山橙，踱着碎步，徘徊不去。

「砰！」

山橙，結實的砸在地面。

公赤麂，面露悅色，迎上前去，連皮帶肉，啃它個精光。

公赤麂，忍不住，又擡起頭來，繼續瞅着枝頭。

「砰！」「砰！」

新鮮的山橙，接二連三，摔落一地。

公赤麂，歡天喜地，搖起尾巴，一邊挑選起山橙，囫圇吞；一邊掀拍耳朵，驅趕惹人煩厭的蚊蠅。

公赤麂，心滿意足，滿臉幸福，鑽進樹叢。

這可是美味的山橙呀。

「唉！就是少了些什麼。」公赤麂，驀地若有所失：「可不是嗎？身邊就是少了一些理應四面八方，三五成群，前呼後擁，來到身邊的的母赤麂。」

發情的公赤麂，飽則思淫，開始滿腹牢騷。

○○○

遠處，傳來一陣雜亂的腳步聲。

野狗，東聞西嗅，穿梭蔓藤，豎直尾巴，快步遊走。

野狗，飢腸轆轆，一心一意，前進獵食，彼此示以眼色，決定同心協力，追捕任何可能移動的大小動物，準備就要撕扯吞食。

野狗，橫眉豎目，飢不擇食。

「原來如此。天生乏角，毫無防衛能力。不長頭角的母赤麂，可能都被野狗趕盡殺絕了。」

公赤麂，躲在樹叢，屏氣凝神，看着離去的野狗，恍然大悟。

○○○

赤麂，中等身型。被毛棕紅。下肢顏色暗黑。前趾有白斑。咽喉，腹部，腋下，耳朵與尾巴內側，均毛色淡白。赤麂，角額至口鼻部突起，飾以黑紋。頭大臉長。公赤麂，長有頭角，單叉側彎，角柄粗長。母赤麂，無頭角，頭蓋呈瘤狀突起。

赤麂，俗稱印度麂，紅麂，角麂，吠麂，吠鹿，大黃，羌麂，或與黃麂（山羌）併稱黃麖。英文叫做 Indian Muntjac，或者叫做 Common Muntjac，膩名 Common Barking Deer。

赤麂，生活於東南亞的哺乳類野生動物。被分類成偶蹄目/反芻亞目/鹿科/麂亞科/麂屬物種。目前已知有四個亞種。發現地區包括印度，斯里蘭卡，尼泊爾，中南半島，馬來半島，印尼，婆羅洲，中國雲南、貴州、廣西、廣東、香港。

部分文獻認為，赤麂也現身華東。

赤麂，作息起居形同黃麂，適應力強，繁殖率高，早年荒郊野嶺也就麂來麂往，滿山遍野。麂皮能製革，麂茸可入藥，麂肉更稱得上是上等野味。麂，從此不得安寧，成為狩獵對象，逢麂必殺，見怪不怪，習以為常。

○○○

赤麂，不被重視。黃麂，無人在意。赤麂與黃麂，經人混為一談，混淆不清。

香港大學，一九八二年出版「香港動物」Hong Kong Animals，動物系教授鄧尼斯．希爾博士 Dr. Dennis S. Hill 指鹿為馬，認為存活香港的麂都是黃麂 Chinese Muntjac，學名 *Muntiacus reevesi*。直至二〇〇〇年八月，「野生動物保護基金會」利用紅外線熱感應自動相機，進行哺乳類野生動物調查，發現活動香港的麂原來並非黃麂，居然全都是赤麂 Indian Muntjac，學名 *Muntiacus muntjak*。

赤麂，在香港一向張冠李戴，沒有人更正，也無人介意。畢竟，赤麂行踪飄渺，來去無踪，行為觀察委實不易。

○○○

赤麂，國內文獻不多，國外資料空泛，行為也就所知有限。部分資料記載如後。

赤麂，嚙食嫩葉多於吃食青草，喜歡撿食跌落地面的水果。(Mammals of Thailand, 1977)

赤麂，多出現樹林邊緣，也遊走廢耕地附近，屬晝行動物，卻有夜行習慣，被發現經當夜晚和清晨覓食。(Mammals of Thailand, 1977)

赤麂，行走或奔跑期間，會突發性低頭，弓背，翹臀，蹬腿，不斷實地練習跳躍。(Mammals of Thailand, 1977)

赤麂，一旦發現不利於己的食肉動物，即會提高警覺。每隔七八秒鐘高聲咆

叫，聲浪喧天，然後慢步離去，故稱吠鹿。(Mammals of Thailand, 1977)

赤麂，雜食性動物，竹子的嫩芽，樹木的芽苗，水果，以至腐肉，都是進食對象。(Grzimek´s Encyclopedia of Mammals, 1976)

赤麂，盜獵高手，能出其不意捕吃地禽、或地面築巢的飛鳥，甚至捉食小型溫血動物，利用前蹄出擊，並以彷如獠牙的上犬齒撕咬扯嚼。(Grzimek´s Encyclopedia of Mammals, 1976)

赤麂，有記錄指出能夠迅速奪取獵人架設羅網所捕獲的大型雉雞果腹。(Grzimek´s Encyclopedia of Mammals, 1976)

赤麂，習慣單獨活動於食源供應有限的固定叢林，故容易與入侵的同類赤麂發生爭執，動武打鬥，形同自衛。(Grzimek´s Encyclopedia of Mammals, 1976)

赤麂，活動範圍不大，經常來回幾乎全年不變的喬木底下的灌叢度日。(Grzimek´s Encyclopedia of Mammals, 1976)

赤麂，利用雙眼底下的前眼瞼腺孔所排釋的腺液，擦拭樹幹，塗抹氣味，區劃疆界，辨識敵我。(Grzimek´s Encyclopedia of Mammals, 1976)

赤麂，傍依分泌毒液、長有刺棘、或裹以硬韌葉片的植物棲息，以收防身效果。(Grzimek´s Encyclopedia of Mammals, 1976)

赤麂，成年公赤麂可以接受角柄尚未長出利角，禦敵能力薄弱的同性赤麂，在其領土覓食或活動。(Grzimek´s Encyclopedia of Mammals, 1976)

赤麂，常於冬季發情，夏季生產，一胎一隻，偶爾二隻。(Grzimek´s Encyclopedia of Mammals, 1976)

赤麂，六個月大即離開母赤麂，另尋棲地，自立門戶。(Grzimek´s Encyclopedia of Mammals, 1976)

赤麂，活動低海拔山區和丘陵，出沒常綠濶葉林及多灌叢草莽環境。（四川獸類，1999)

赤麂，獨棲，晨昏活動頻繁，覓食範圍固定。（四川獸類，1999)

赤麂，主要棲息海拔三千公尺以下的熱帶、亞熱帶山地濶葉密林區域，獨居、或雌雄同居，繁殖率高。（中國獸類踪跡，2001)

赤麂，主棲丘陵地區的灌叢和低海拔濶葉林，食多種植物的枝葉，喜食果實。（中國脊椎動物，2000)

○ ○ ○

早期，大清文獻，古人評麂，有多少記載，儘管含糊，欲得以揣摩一二。清・雍正《古今圖書集成・博物滙編》，關於麂的部分記載，現在摘錄如下，提供參考：

《大同誌》，晉泰始十年，汶山白馬胡恣縱掠諸種，夏刺史皇甫晏表出討之，別駕王紹等固諫不從，遂西行，麂入營中，軍占以為不祥，晏不悟，其夜所將中州兵蔡雄等反殺晏，眾夜亂，不知所為。

《十國春秋閩惠宗本紀》，龍啟二年，是歲，有野麂入東門，帝曰，朕土地雖小，不可屬東麂也，時閩語以兩浙為東麂，故及之云，後福州卒歸吳越，人謂有先兆。

馬志曰，麂生東南山谷。

蘇頌曰，麂今有山林處皆有之。

《爾雅》云，麂大麠旄毛狗足，南人往往食其肉，然堅韌，不及麞美味，其皮作履，不堪藥用。

《山海經》云，女几之山多麖麂，寇宗奭曰，麂麞屬而小，於其口兩邊有長牙，好鬥，其皮為第一無出其右者，但皮多牙傷痕，其聲如擊破鈸，四方皆有，山深處頗多。

李時珍曰，麂居大山中，似麞而小，牡者有短角，黧色豹腳，腳矮而力勁，善跳躍，其行草莽但循一徑，皮極細緻，鞾韈珍之，或云亦好食蛇。

《符瑞志》曰，色白者曰銀麂，施州一種色丹者曰紅麂，六書故曰麢麂同類似鹿，而角不歧，毛不斑。

《直省志》書，山陰縣越中有三足白麂。

《五色線》，葛仙翁憑桐木几於女几山學仙，得道後，几化為三足白麂，時出於山上。

《宋書符瑞志》，元嘉十年十二月，營城縣民成公會之，於廣陵高郵界獲白麞麂以獻。

孝武帝大明元年二月己亥，白麂見會稽諸暨縣，獲以獻。

《補侍兒小名錄》，麂行草莽中畏人，見其跡但循一逕無問遠近也，村民結繩為繯，置其所行處，麂足一絓則倒懸於枝上，乃生獲之。

《清江縣誌》，舊制貢活麂二隻，今文廟丁祭皆以羊代麂，其無活麂可知。

古書描繪籠統，一網打盡不同屬種的麂。字裡行間，卻流露來自不同層面，對麃不一程度的戒心與恐懼。麃或代表吉祥。麃或象徵凶兆。麃狀或神或鬼，令人生畏。

文獻侃侃敘述，麃的行為呼之欲出，麃出現白化現象亦有跡可尋。

赤麃，輪廓若隱若現。

○○○

概論赤麃和黃麃的外觀，即有天淵之別。

赤麃，體型高大。赤麃，毛色赤棕。

赤麃，角柄粗長。赤麃，頭大顏峻。

赤麃，一臉黑紋。赤麃，下肢褐黑。

赤麃，內側淡白。赤麃，尾鑲白毛。

野生動物保護基金會，於二〇〇〇年九月開始調查香港哺乳類野生動物。由安裝在山頭森林二百部紅外線熱感應自動相機，拍攝到大量珍貴鏡頭。夜以繼日，全天候勤奮工作的紅外線熱感應自動相機，由山地森林裡帶出來一卷又一卷底片，看見的竟是讓人意想不到麂都是赤麂。香港根本就沒有黃麂。赤麂遍布香港本島，新界九龍，大嶼山離島，次生林地帶，族群數量相當可觀。

二〇〇〇年九月至二〇〇三年四月止，安裝在香港山區的紅外線熱感應自動相機，記錄赤麂資料六百四十四筆。計香港本島六十六筆，新界九龍半島四百六十五筆，大嶼山離島一百一十三筆。

關於野生動物保護基金會記錄赤麂資料，現在節錄於後，提供參考：

一、香港本島

赤麂，於白晝開始活動最早時間三筆。06:29, 06:30, 06:39。

赤麂，於黃昏暫時結束活動最遲時間四筆。17:50, 17:51, 17:52, 17:53。

赤麂，於入夜繼續開始活動最早時間四筆。18:04, 18:06, 18:13, 18:19。
赤麂，於夜半結束活動最遲時間一筆。03:02。
赤麂，於全日活動高峰時刻二段。17:00 – 19:00 二十三筆 20:00 – 22:00 十一筆。
赤麂，置身風雨出巡覓食記錄四筆。
赤麂，母子同行記錄一筆。
赤麂，被野狗追捕記錄一筆。

二、新界九龍半島

赤麂，於東北區域白晝開始活動最早時間二筆。06:05, 06:08。
赤麂，於東北區域黃昏暫時結束活動最遲時間三筆。17:56, 17:57, 17:59。
赤麂，於東北區域入夜繼續開始活動最早時間四筆。18:01, 18:02, 18:19, 18:23。
赤麂，於東北區域於夜半結束活動最遲時間二筆。03:04, 03:07。
赤麂，於東北區域全日活動高峰時刻一段。18:00 – 20:00 二十三筆。
赤麂，於東北區域置身風雨出巡覓食記錄八筆。
赤麂，於東北區域母子同行記錄一筆。
赤麂，於東北區域被野狗追捕記錄一筆。

赤麂，於中西區域白晝開始活動最早時間二筆。06:01, 06:49。

赤麂，於中西區域黃昏暫時結束活動最遲時間四筆。17:52, 17:56, 17:58, 18:00。

赤麂，於中西區域入夜繼續開始活動最早時間五筆。18:03, 18:07, 18:09, 18:14, 18:21。

赤麂，於中西區夜半結束活動最遲時間三筆。04:27, 04:34, 05:00。

赤麂，於中西區全日活動高峰時刻二段。17:00 – 19:00 六十九筆，21:00 – 24:00 六十六筆。

赤麂，於中西區域置身風雨出沒覓食記錄三十三筆。

赤麂，於中西區域母子同行記錄二筆。

赤麂，於中西區域公母求愛同行記錄一筆。

赤麂，於中西區域白變種記錄五筆。

赤麂，於中西區域被野狗追捕記錄二筆。

赤麂，於中西區域被豪豬翎管刺中多處記錄一筆。

赤麂，於東南區域白晝開始活動最早時間二筆。06:01, 06:50。

赤麂，於東南區域黃昏暫時結束活動最遲時間四筆。17:43, 17:52, 17:57, 17:58。

赤麂，於東南區域入夜繼續開始活動最早時間四筆。18:03, 18:08, 18:12, 18:14。

赤麂，於東南區域夜半結束活動最遲時間三筆。04:32, 05:06, 05:07。

赤麂，於東南區域全日活動高峰時刻二段。17:00 – 21:00 五十八筆，22:00 – 23:00 十四筆。

赤麂，於東南區域置身風雨出巡覓食記錄二十三筆。

赤麂，於東南區域公母同行記錄一筆。

赤麂，於東南區域咬食山橙野果記錄一筆

赤麂，於東南區域被野狗追捕記錄二筆。

赤麂，於西北米埔區域並無發現記錄。

三、大嶼山離島

赤麂，於東區白晝開始活動最早時間三筆。06:44, 07:18, 07:24。

赤麂，於東區黃昏暫時結束活動時間二筆。17:29, 17:48。

赤麂，於東區入夜繼續開始活動最早時間三筆。18:16, 18:20, 18:23。

赤麂，於東區全日活動高峰時刻一段。17:00 – 20:00 二十四筆。

赤麂，於東區置身風雨出巡覓食記錄四筆。

赤麂，於西區白晝開始活最早時間二筆。07:35, 07:38。

赤麂，於西區黃昏暫時結束活動時間三筆。17:39, 17:41, 17:42。

赤麂，於西區入夜繼續開始活動最早時間三筆。18:04, 18:05, 18:22。

赤麂，於西區夜半結束活動最遲時間二筆。01:23, 01:57。

赤麂，於西區全日活動高峰時刻三段。07:00 – 10:00 十二筆，16:00 – 21:00 二十六筆，23:00 – 24:00 三筆。

赤麂，於西區置身風雨出巡覓食記錄三筆。

赤麂，於西區被野狗追捕記錄二筆。

○○○

赤麂，晝行動物。香港的赤麂，卻明顯偏好在日落至半夜之間漆黑夜晚活動覓食。

赤麂，棲息香港，習慣摸黑前進。

赤麂，黑夜有利留連香港。

赤麂，摸黑行動可以暫避盤據山頭，神出鬼沒，數之不盡的野狗。

野狗，集體行動，襲擊獵殺野生動物，無惡不作，生靈塗炭。

公赤麂，在香港被發現擁有鋒利的頭角，尖銳的犬齒，強而有力的前蹄，渾身是勁的軀幹，個個有恃無恐，來去從容不迫。即使遇到野狗成群獵食，公赤麂依然惟我獨尊，極少有不愉快的事情發生。

母赤麂，在香港不然，既無頭角，上犬齒又不發達，缺乏自衛能力。遇見野狗獵食，每每落荒而逃，疲於奔命，無不聽天由命。

○　○　○

「野生動物保護基金會」，調查數據指出，香港赤麂雌雄比例已經從麂科動物正常的一比三（一公三母），銳減成為二比一（二公一母），一些地區甚至是四比一（四公一母）。數據，顯示香港赤麂族群發展，正受到嚴重考驗。香港赤麂今後的族群數量，也正受到空前未有的嚴峻挑戰。

「野生動物保護基金會」，進行哺乳類野生動物調查，幾近兩年時間，非但發現赤麂並非黃麂，而且發覺赤麂遍布香港各地次生林。無奈赤麂逗留棲地卻野狗成患，令人先喜後憂，緊接着又喜憂半參，赤麂今後何去何從使人担心莫名。

看來，鞏固赤麂在香港族群數量正常化會是當務之急，顯然也應該是香港政府關心自然生態環境保育，不得不面對的實際問題。畢竟，要維持生物多樣性，才能肯定自然生態環境究竟是不是一塊成熟的優良棲地。

○ ○ ○

「唰！」

公赤麂聽見聲響，東張西望。驀地，嗖！的一聲，鑽進刺藤，撲進草莽。只要是風吹草動，就得暫停進食。拔腳狂奔的公赤麂知道，踏着枯枝，踩着落葉，由遠而近，就是那群亡命的野狗。

「咆！」

那邊，遙遠的山谷，居然傳來一聲駭人咆叫。那是一隻公赤麂，正對着另外一群獐頭鼠目、鬼祟接近的野狗展示實力，怒目而視，朝向野狗發出警告。

「砰！」

這邊，躲在樹叢藏匿的公赤麂，聽見一聲熟悉的聲音，那是山橙由枝頭跌落硬地所發出的誘人聲響。聲響，驚動那群豎起尾巴團團轉的亡命野狗。野狗，四面八方，迅速朝聲音靠攏，瞅見山橙，調頭就走，無不悻悻然。公赤麂，只能夠習慣地反芻咀嚼方才吞食的幾顆山橙，聊表自我慰藉。真是美味的山橙呀。

「唉，就是覺得少了些什麼。」

發情的公赤麂，飽則思淫，又再若有所失，開始滿腹牢騷。

「對了。我就是少了性生活。」

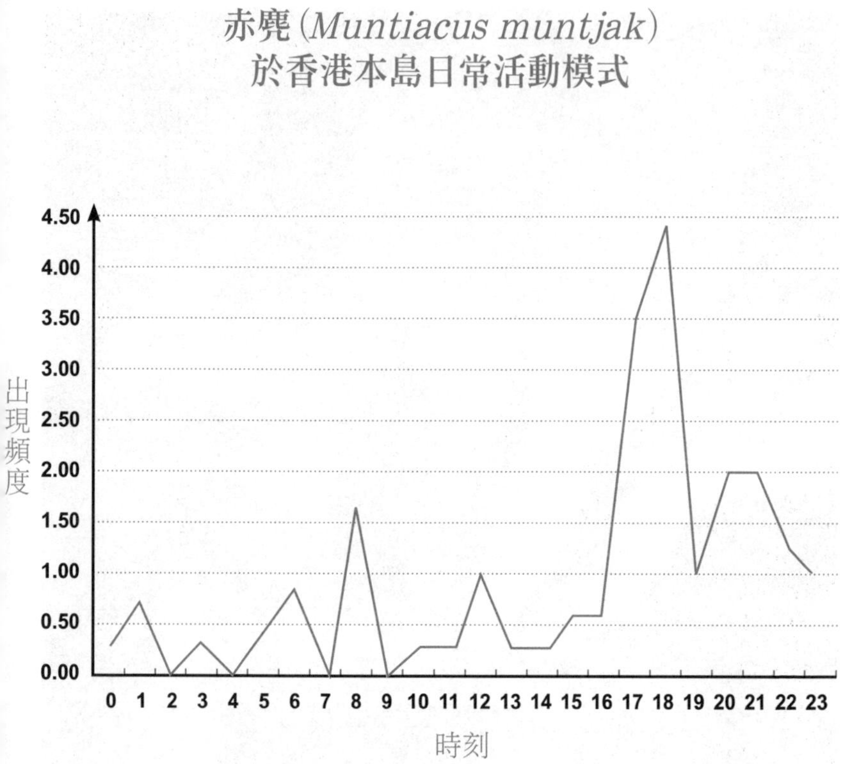

出現頻度 Occurrence Index (OI)

指每一千個相機工作小時內所拍得的動物個體數

$$OI=\frac{\text{所拍得的動物個體數} \times 1000}{\text{該動物出現地區的相機有效工作時數}}$$

赤麂(*Muntiacus muntjak*)
於新界九龍半島日常活動模式

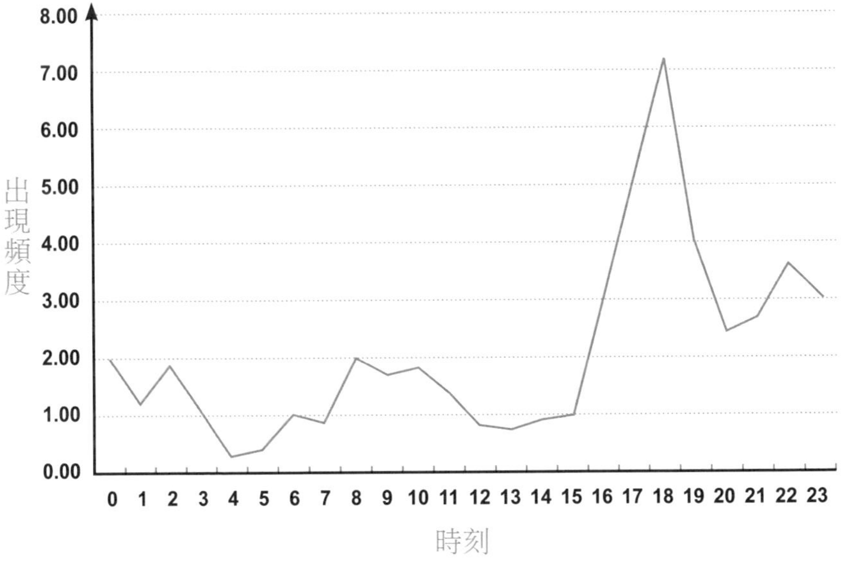

出現頻度 Occurrence Index (OI)

指每一千個相機工作小時內所拍得的動物個體數

$$OI=\frac{\text{所拍得的動物個體數}\times 1000}{\text{該動物出現地區的相機有效工作時數}}$$

赤麂(*Muntiacus muntjak*)
於大嶼山離島日常活動模式時刻

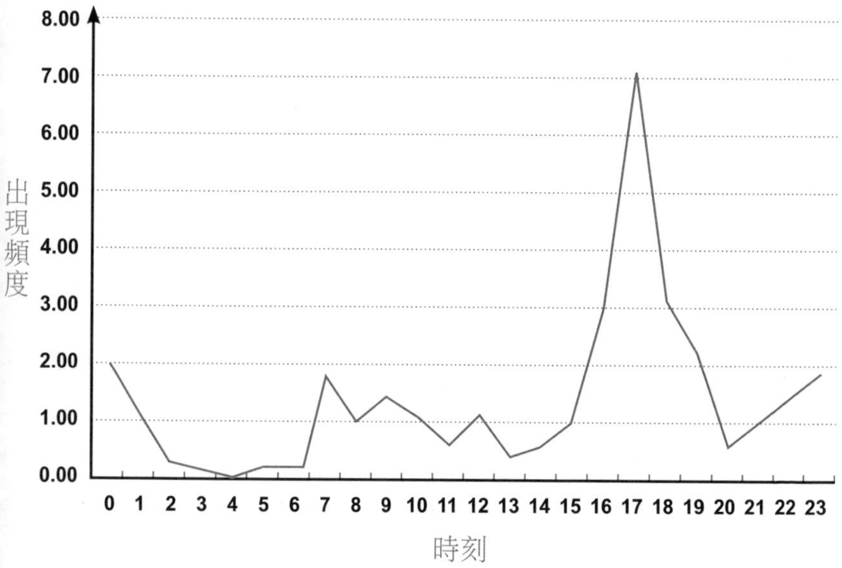

出現頻度 Occurrence Index (OI)

指每一千個相機工作小時內所拍得的動物個體數

$$\text{OI}=\frac{\text{所拍得的動物個體數} \times 1000}{\text{該動物出現地區的相機有效工作時數}}$$

新界九龍　時間：02:21　紅外線熱感應自動相機拍攝

新界九龍　時間：02:22　紅外線熱感應自動相機拍攝

香港本島　時間：18:46(大雨)　紅外線熱感應自動相機拍攝

新界九龍　時間：23:35　紅外線熱感應自動相機拍攝

大嶼山離島　時間：23:14(被豪豬翎管刺中)　紅外線熱感應自動相機拍攝

大嶼山離島　時間：21:36(被豪豬翎管刺中)　紅外線熱感應自動相機拍攝

大嶼山離島　時間：15:21　紅外線熱感應自動相機拍攝

大嶼山離島　時間：17:39　紅外線熱感應自動相機拍攝

新界九龍　時間：17:24　紅外線熱感應自動相機拍攝

香港本島　時間：16:40　紅外線熱感應自動相機拍攝

新界九龍　時間：11:57(野狗追逐)　紅外線熱感應自動相機拍攝

新界九龍　時間：11:57(野狗追逐)　紅外線熱感應自動相機拍攝

香港本島　時間：12:11(野狗追逐)　紅外線熱感應自動相機拍攝

香港本島　時間：12:39(野狗追逐)　紅外線熱感應自動相機拍攝

大嶼山離島　時間：08:20(野狗追逐)　紅外線熱感應自動相機拍攝

大嶼山離島　時間：08:20(野狗追逐)　紅外線熱感應自動相機拍攝

大嶼山離島　時間：08:20(野狗追逐)　紅外線熱感應自動相機拍攝

大嶼山離島　時間：08:27(野狗追逐)　紅外線熱感應自動相機拍攝

新界九龍　時間：22:03(野狗追逐)　紅外線熱感應自動相機拍攝

新界九龍　時間：22:03(野狗追逐)　紅外線熱感應自動相機拍攝

新界九龍　時間：22:03(野狗追逐)　紅外線熱感應自動相機拍攝

新界九龍　時間：22:03(野狗追逐)　紅外線熱感應自動相機拍攝

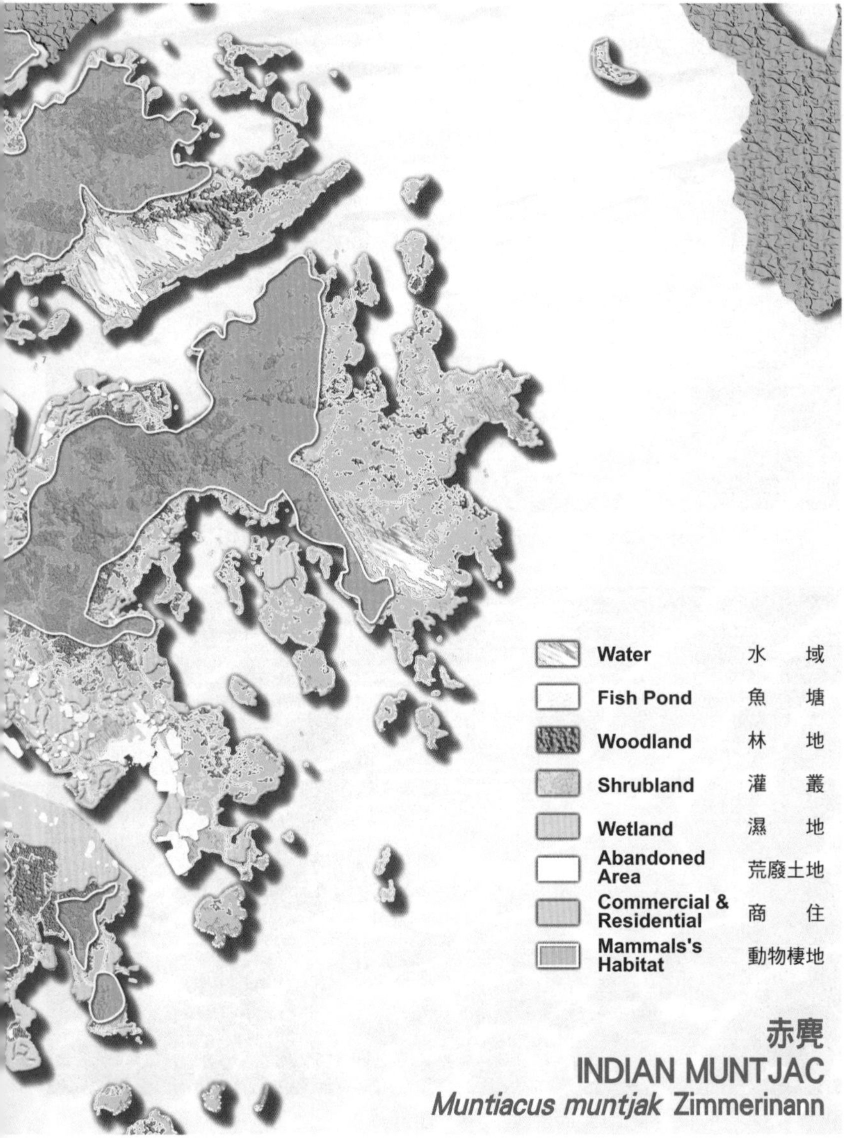

赤麂
INDIAN MUNTJAC
Muntiacus muntjak Zimmerinann

你呼我應 連袂來出遊

豪豬（箭豬）

CHINESE PORCUPINE

Hystrix hodgsoni Gray

體重：7－14公斤
體長：60－80公分
尾長：8－14公分
懷孕期：3－4個月
壽命：12－15年

○○○

豪豬，呼朋引伴，出現山林，踩着碎步，沿幽徑魚貫而行，偶爾立足樹旁，依偎枝頭，咀嚼芽葉，津津有味，自得其樂。

「嗞！」「嗞！」「嗞！」……沙沙作響。

豪豬，且走且停，時而緊繃皮肉，敲彈起自己一襲彷如夏威夷草裙的密集翎管，啟發出一串又一串清脆的碰撞聲響，像是在聯絡彼此，又酷似在相互勉勵。停不了的動感，豪豬禁不住地走，趁夜出巡，摸黑行動，前面看來還有一段漫長的路途要走呀。

夜闌人靜，豪豬只顧排着隊伍，搜索前進，披星戴月，意猶未盡，日復一日，日落而作，日出而息，日日不厭其煩。

○ ○ ○

豪豬，顴潤頦寬，毛短耳裸，眼亮鬍長，門齒銳利，臼齒發達。嘴角至脖肩飾以白色狹紋。

豪豬，全身披被棘刺，額頭乳白，頸背棕褐。棘刺在背後及側身發展為長四十公分白褐相間的中空翎管，形如簑衣，又形同盔甲，包裹護身。翎管更在臀部轉換成為白色針刺，密集周圍，形成後退驅敵的防身武器。翎管，無堅不摧，無敵不克。

豪豬，短腳長爪，外形奇特，獨樹一幟，遍布香港本島、新界九龍廣泛山林，成群移動，無所不在。

豪豬，卻未見出現大嶼山。

○　○　○

豪豬，俗名箭豬，刺豬，蒿豬，山豬，貆豬。英文叫做Chinese Porcupine。

豪豬，活動中國大陸和東南亞的哺乳類野生動物。被分類成囓齒目/豪豬亞目

/豪豬超科/豪豬科/馬來豪豬屬物種。目前已知有兩個亞種。發現地區包括喜馬拉亞山脈，印度東北，孟加拉，中南半島，馬來半島，中國陝西、四川、雲南、廣西、廣東、江蘇、福建、海南島、香港。

豪豬，於中國大陸一度被公認是為害農作物的害獸。中國政府曾經鼓勵大力消滅豪豬，提倡槍殺、獵殺，強調豪豬鮮美可口，內臟晒乾磨粉能夠醫病。

豪豬肚，乾燒可治黃疸。

豪豬糞便，酒服可治水腫。

六十年代的豪豬，形同過街老鼠，人人喊打。

○○○

豪豬行為研究，一直引不起學者關注，觀察豪豬，興致缺缺，無人問津。

豪豬，也只能夠依賴僅存片紙隻字，東拼西湊，略窺大概，相關文獻，現在摘錄於後，提供參考：

豪豬，於土堤、石塊附近、山腰，挖掘不僅只有一條通道的大型地洞棲息。(Allen, 1940)

豪豬，因為自衛，以彷如利箭的翎管戳殺大型貓科動物，有記錄可查。(Allen, 1940)

豪豬，睡夢驚醒，會起身彈抖身體，即有翎管飛落地面，此舉常被誤會是豪豬在射箭。(Ellerman, 1940)

豪豬，以草根、竹筍、野果為食，亦盜食蔬菜、甘薯、玉米、菠蘿等農作物。(王韻英，1956)

豪豬，經常更換洞穴棲息。(張榮祖，1958)

豪豬，於有月光的夜晚會較遲出門，常循一定路線移動。(張榮祖，1958)

豪豬，能摧毀境內植物，啃食樹皮和幹莖纖維、又或咀嚼嫩枝。(U Tun Yin, 1967)

豪豬，夜行，晚間覓食，常以二至八隻數量集體行動。(Marshall, 1967)

豪豬，主食植物，偶爾捕吃小型哺乳動物，亦食腐肉。(Marshall, 1967)

豪豬，遇襲必倒退攻擊，以翎管為其武器，戳插敵手，甚至將其嵌入對方要害，取其性命。(Marshall, 1967)

豪豬，遇敵豎棘刺防禦、又或倒退撞擊對手，撞上則會脫刺，但不會隔距射箭。（中國獸類踪跡，2001）

豪豬，經發現活動在海拔一千五百公尺山區森林。(Prater, 1971)

豪豬，自行挖掘洞穴，或進駐其它動物棲息洞穴，偏愛乾燥環境，故常擇石地而居，可在海拔三千五百公尺高地出沒。(Grzimek's Encyclopedia of Mammals, 1976)

豪豬，活動範圍待考，但曾經有長尾豪豬行走十五公里、以及白尾豪豬行走六至十六公里記錄可尋。(Grzimek's Encyclopedia of Mammals, 1976)

豪豬，夜行或晨昏活動，故動物園裡的豪豬可在白晝活動進食。(Grzimek's Encyclopedia of Mammals, 1976)

豪豬，穴居，有十隻共居一穴的記錄。(Grzimek's Encyclopedia of Mammals, 1976)

豪豬，以樹根，樹皮，果實，根莖為食，也會因磨牙及補充體內鈣磷質而拖拽動物遺骨至洞穴啃嚼。(Grzimek's Encyclopedia of Mammals, 1975)

豪豬，成雙成對，每年生育兩次，每次產仔一至五隻。(Grzimek's Encyclopedia

of Mammals, 1976)

豪豬，每年生育一次，每胎可產四仔。(四川獸類，1999)

豪豬，生育，每胎兩隻，偶有三隻記錄。(Mammals of Thailand, 1977)

○○○

中國古代。豪豬傳説紛紜，《清．雍正古今圖書集成博物滙編》略有記載，現在摘錄如下，提供參考：

《西山經》，竹山其陽有獸焉，其狀如豚而白毛，大如笄而黑端，名曰毫彘（豪豬）。

郭日，貆豬也，夾髀有麤豪長數尺，能以脊上毫射物，亦自為牝牡，貆或作豲，吳楚呼為鸞豬亦此類也。

《爾雅翼》，豪豕號為剛鬣而豪之，毛尤異，夾脾麤毛至長數尺，能以頸上毫射物，其毫大如簪，白而黑端，入肉處纔二三分，中間白處常隱不見，但見其黑端耳，見人則怒，白色靈巳而激去，蓋是怒氣所發，未必以射人也。

李時珍曰，説文云，豪豕鬣如筆管者，能激毫射人故也。

蘇頌曰，豪豬，陝洛江東諸山中並有之，髦間有毫如箭能射人。

李時珍曰，豪豬處處深山中有之，多者成群害稼，狀如豬而項脊有棘鬣長近尺許粗如筋，其狀似笄及蝟刺，白本而黑端，怒則激去如矢射人，羌人以其皮為鞾。

郭璞云，貆豬自為牝牡而孕也。

○ ○ ○

野生動物保護基金會，於二〇〇〇年九月開始調查香港哺乳類野生動物。由安裝在山頭森林二百部紅外線熱感應自動相機，拍攝到大量珍貴鏡頭。夜以繼日，全天候勤奮工作的紅外線熱感應自動相機，由山地森林裡帶出來一卷又一卷底片，發現大量豪豬於夜晚頻繁活動。夫唱婦隨，兄友弟恭，姐妹情深，一家大小，相親相愛，你呼我應，連袂出遊，樂此不疲。有些時候，豪豬活動頻率已經越居香港哺乳類野生動物之冠，甚至凌駕任何嚙齒目鼠類。

豪豬，顯然已經突破早年於香港幾乎滅絕的瓶頸。

豪豬，絡繹不絕，生氣蓬勃。

豪豬，生生不息，子孫滿堂。

二〇〇〇年九月至二〇〇三年四月止，安裝在香港山區的紅外線熱感應自動相機，記錄豪豬資料七百二十一筆。計香港本島一百四十六筆，新界九龍半島五百七十五筆。豪豬絕跡大嶼山離島，故無任何發現記錄。

關於野生動物保護基金會記錄豪豬資料，現在節錄於後，提供參考：

一、香港本島

豪豬，於夜晚開始活動最早時間二筆。18:53, 19:27。

豪豬，於黎明結束活動最遲時間三筆。04:39, 04:41, 04:44。

豪豬，於夜晚活動高峰時刻二段。20:00 – 24:00 七十四筆，02:00 – 03:00 十六筆。

豪豬，置身風雨出巡覓食記錄二十四筆。

豪豬，携同幼仔一家四口聚集同行記錄一筆。

豪豬，白晝露臉資料一筆。07:00。

二、新界九龍半島

豪豬，於東北區域夜晚開始活動最早時間三筆。18:48, 19:03, 19:39。

豪豬，於東北區域黎明結束活動最遲時間三筆。05:29, 05:53, 06:00。

豪豬，於東北區域夜晚活動高峰時刻二段。20:00 – 22:00 二十二筆，01:00 – 03:00 二十四筆。

豪豬，於東北區域置身風雨出巡覓食記錄十一筆。

豪豬，於東北區域携同幼仔一家三口聚集同行記錄五筆。

豪豬，於東北區域携同幼仔一家四口聚集同行記錄一筆。

豪豬，於東北區域白晝露臉資料一筆。06:07。

豪豬，於中西區域夜晚開始活動最早時間四筆。18:13, 18:17, 18:21, 18:28。

豪豬，於中西區域黎明結束活動最遲時間三筆。05:16, 05:29, 05:40。

豪豬，於中西區域夜晚活動高峰時刻二段。20:00 – 24:00 二百〇三筆，02:00 –

03:00 三十八筆。

豪豬，於中西區域置身風雨出巡覓食記錄三十四筆。

豪豬，於中西區域三隻成體聚集同行記錄一筆。

豪豬，於中西區域被三隻野狗追捕記錄一筆。

豪豬，於中西區域被兩隻野狗追捕記錄一筆。

豪豬，於中西區域以翎管刺傷赤麂多處記錄一筆。

豪豬，於中西區域白晝露臉資料一筆。14:23。

豪豬，於東南區域夜晚開始活動最早時間四筆。18:37, 18:49, 19:08, 19:11。

豪豬，於東南區域黎明結束活動最遲時間四筆。05:35, 05:37, 05:52, 05:53。

豪豬，於東南區域夜晚活動高峰時刻四段。19:00 – 20:00 十五筆，21:00 – 22:00 二十二筆，23:00 – 01:00 三十五筆，02:00 – 03:00 十四筆。

豪豬，於東南區域置身風雨出巡覓食記錄二十四筆。

豪豬，於東南區域三隻成體聚集同行記錄一筆。

豪豬，於東南區域白晝露臉資料三筆。06:14, 09:42, 14:45。

豪豬，在西北米埔區域並無發現記錄。

三、大嶼山離島

豪豬，至今在大嶼山離島沒有發現記錄。

〇〇〇

豪豬前呼後擁，浩浩蕩蕩，縱橫香港本島和新界九龍，我行我素。豪豬並不如牛津大學，於一九六七年出版「香港哺乳類野生動物」Wild Mammals of Hong Kong敘述，僅僅是活動香港本島和新界某些角落的弱勢族群。成長四十年的次生林，顯然已經為香港豪豬製造空前壯觀的棲息環境。豪豬絕對有優勢條件在香港悠哉遊哉，高枕無憂，傳宗接代，日益茁壯。

我們並沒有聽說，密集在香港本島和新界九龍夜行遊蕩的豪豬，會偷襲農田經濟作物。

我們也看不見香港有大片森林地消失是因為豪豬囓啃所造成。

是選擇食源太多而豐衣足食？

還是早已改變食性以避免和人類有直接衝突？

成長的次生林，確實已經為香港豪豬創造新天地。

〇〇〇

紅外線熱感應自動相機，在野外收集的大量資料顯示，豪豬入夜無不歡天喜地，東蹦西跳，南蹓北躂。

豪豬，活動範圍有多大？

豪豬，行動距離是多遠？

豪豬，居然未曾出現咫尺天涯的大嶼山離島，杳無踪跡。

豪豬，耐人尋味的問題接二連三。

豪豬，探索追踪，勢在必行。

以無線電訊源追踪豪豬，躍躍欲試。

後來居上，香港反而成為觀察豪豬行為最佳田野工作站。

豪豬，顯然會為香港哺乳類野生動物的研究，帶來新氣象。

○○○

「嗟！」「嗟！」「嗟！」……沙沙作響。

豪豬，且走且停，時而緊繃皮肉，敲彈起自己一襲彷如夏威夷草裙的密集翎管，啟發出一串又一串清脆的碰撞聲響。

像是在聯絡彼此。

酷似在相互勉勵。

停不了的動感，豪豬禁不住地走，趁夜出巡，摸黑行動，前面看來還有一段漫長的路途要走呀。

豪豬 (*Hystrix hodgsoni*)
於香港本島日常活動模式

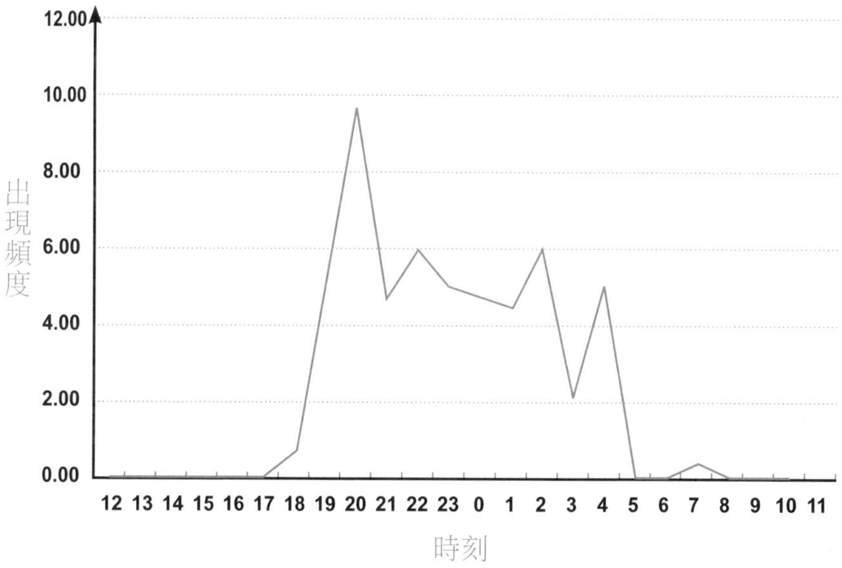

出現頻度 Occurrence Index (OI)

指每一千個相機工作小時內所拍得的動物個體數

$$\text{OI}=\frac{\text{所拍得的動物個體數}\times 1000}{\text{該動物出現地區的相機有效工作時數}}$$

新界九龍　時間：21:56(野狗追逐)　紅外線熱感應自動相機拍攝

新界九龍　時間：21:58(野狗追逐)　紅外線熱感應自動相機拍攝

豪豬（*Hystrix hodgsoni*）
於新界九龍半島日常活動模式

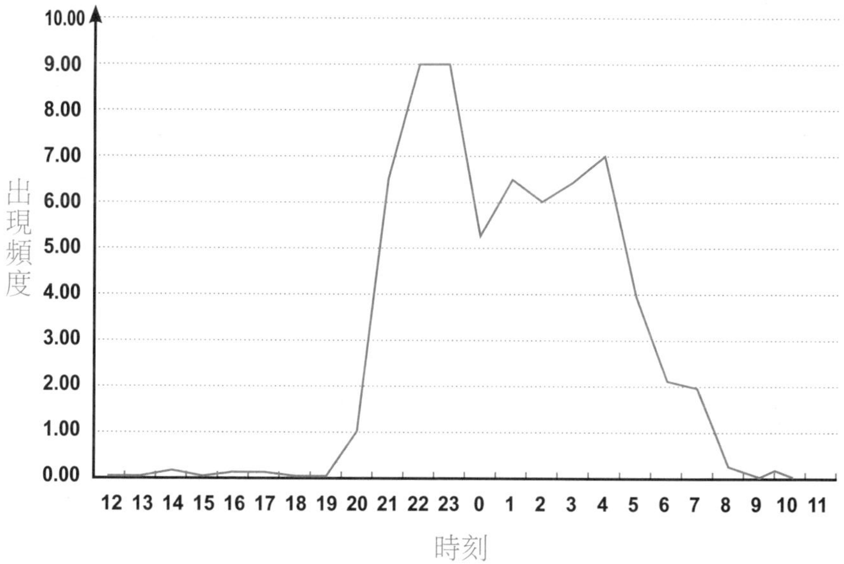

出現頻度 Occurrence Index (OI)

指每一千個相機工作小時內所拍得的動物個體數

$$OI=\frac{\text{所拍得的動物個體數} \times 1000}{\text{該動物出現地區的相機有效工作時數}}$$

香港本島　時間：02:58　紅外線熱感應自動相機拍攝

香港本島　時間：21:46　紅外線熱感應自動相機拍攝

香港本島　時間：02:45　紅外線熱感應自動相機拍攝

香港本島　時間：02:46　紅外線熱感應自動相機拍攝

新界九龍　時間：21:00　紅外線熱感應自動相機拍攝

新界九龍　時間：22:40　紅外線熱感應自動相機拍攝

新界九龍　時間：20:25　紅外線熱感應自動相機拍攝

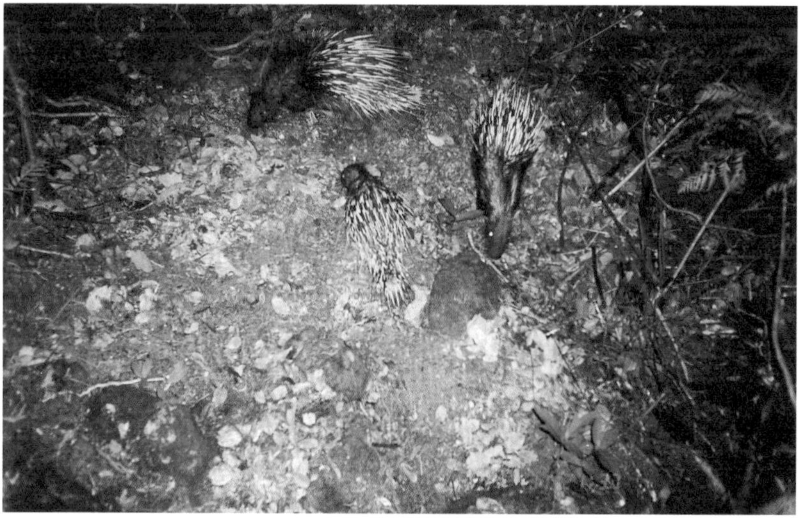

新界九龍　時間：21:37　紅外線熱感應自動相機拍攝

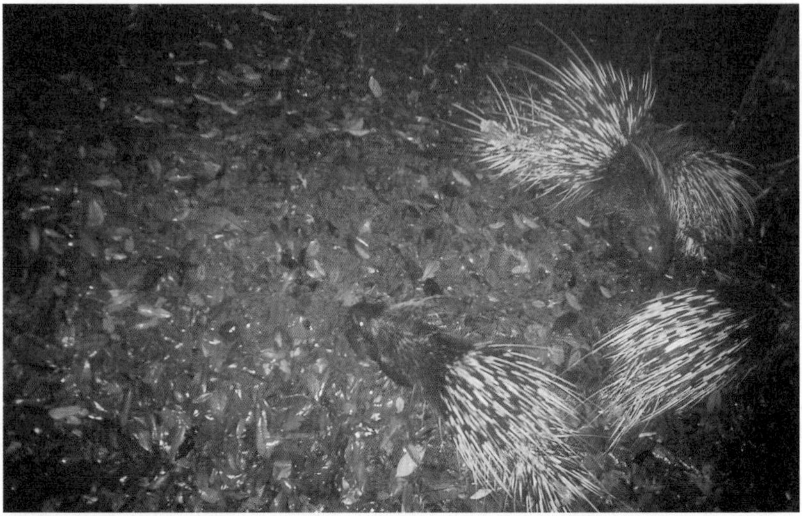

新界九龍　時間：00:54(大雨)　紅外線熱感應自動相機拍攝

香港本島　時間：19:59　紅外線熱感應自動相機拍攝

香港本島　時間：19:58　紅外線熱感應自動相機拍攝

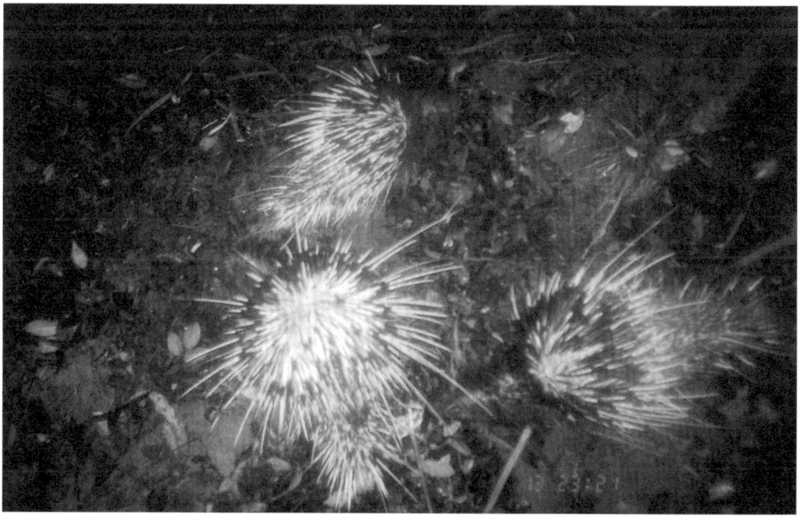

新界九龍　時間：23:21　紅外線熱感應自動相機拍攝

新界九龍　時間：20:48　紅外線熱感應自動相機拍攝

新界九龍　時間：01:30(大雨)　紅外線熱感應自動相機拍攝

新界九龍　時間：21:15　紅外線熱感應自動相機拍攝

新界九龍　時間：21:03　紅外線熱感應自動相機拍攝

香港本島　時間：02:50　紅外線熱感應自動相機拍攝

新界九龍　時間：23:04　紅外線熱感應自動相機拍攝

香港本島　時間：20:52　紅外線熱感應自動相機拍攝

香港本島　時間：22:27　紅外線熱感應自動相機拍攝

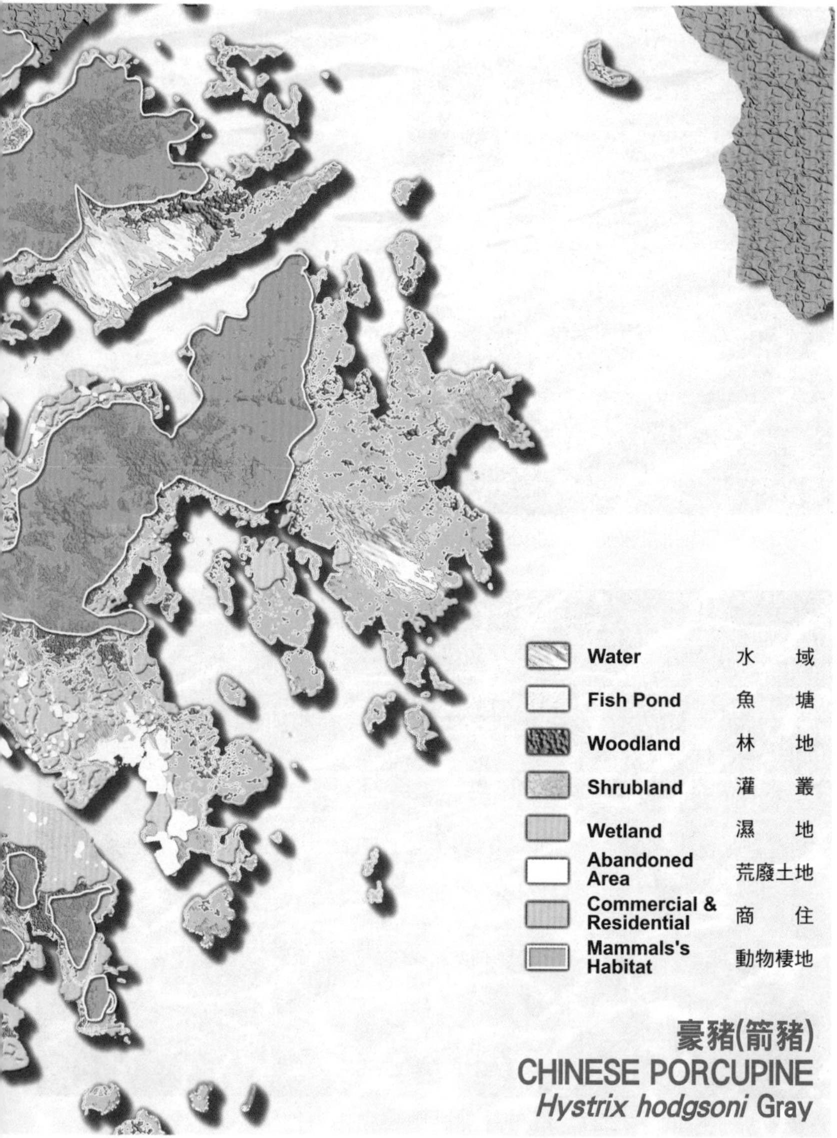

豪豬(箭豬)
CHINESE PORCUPINE
Hystrix hodgsoni Gray

眼觀四方　隨時豎立警戒

紅頰獴

JAVAN MONGOOSE

Herpestes javanicus E. Geoffroy

體重：0.5－1公斤

體長：35－41公分

尾長：25－29公分

懷孕期：1.5個月

壽命：8年

○○○

當天。

旭日，冉冉上升。

基圍，水面霧氣騰騰。

草叢，鑽出來幾隻紅頰獴，順沿馬路，走走停停。

紅頰獴，時而止步，左右張望，逕自朝向路邊的草堆分頭窺探。

「會不會又有什麼讓人驚喜的獵物藏匿在這裡？」

彼此用力吸嗅帶着泥味的水氣，滿懷希望。

「聽！像是車聲！」

一隻紅頰獴立馬懸起上身，豎立路面，担任警戒，翹首眺望。

引擎的噪音，由遠而近。豎立路面的紅頰獴，頓時發出警訊。眾獴，一哄而散。

工程車，不敢大意，小心翼翼，緩緩駛過，似乎生怕壓到什麼小動物。

原來，紅頰獴出沒的地方，還是一片自然生態保護區。

○○○

第二天。

旭日，又再冉冉上升。

基圍，水面的霧氣騰騰依然。

草叢裡，同樣鑽出來幾隻紅頰獴，順沿馬路，走走停停。

紅頰獴，時而止步，東張西望，一邊各自朝向路邊的蘆葦分頭窺探。

「會不會還有什麼更教人興奮的獵物臥匿其中？」

大家用力吸嗅帶着清新泥味的水氣，充滿期望。

「咦？又是車聲？」

引擎的噪音，震耳欲聾。

負責警衛的紅頰獴，還沒有來得及懸起上身豎立眺望，車已經呼嘯而至。

軍車疾駛而去。本應負責警衛的紅頰獴，瞬間橫死路面。眾獴驚惶失措，個個抱頭鼠竄。

「這裡難道不再是一塊自然生態保護區了嗎？」

紅頰獴，面面相覷，狐疑地彼此質疑，驚魂未定。

○○○

第三天。

就在這片自然生態保護區。

就是這輛橫衝直撞，罔顧野生動物安全的軍車。

就讓這條馬路的路面，又躺下一隻死不瞑目的紅頰獴。

○○○

紅頰獴，全身麻褐，毛尖灰白，尾巴蓬鬆。長尾，短肢。趾長，爪利。小頭，尖嘴。短耳，棕眼。前額至口鼻毛色深褐。兩頰紅褐。

紅頰獴，分類成食肉目／裂腳亞目／獴形超科／靈貓科／獴亞科／獴屬物種。目前已知紅頰獴有三個亞種。只有極少數原住民認為紅頰獴毛皮可以製裘，有經濟價值可言。紅頰獴行為觀察和研究，也因此乏人問津。

紅頰獴，俗稱小亞洲獴，赤頰獴，爪哇獴，蛇獴，樹鼠，日狸，竹狸。英文叫做 Javan Mongoose，又叫做 Small Asian Mongoose。早年被確認出現伊朗，伊拉克，阿富汗，喀什米爾，印度北部，尼泊爾，泰國，緬甸，馬來半島，爪哇。後來被認為出沒中國貴州、雲南、廣西、廣東、海南島等地。曾經也被認為是出現加勒比海的外來種哺乳類野生動物。孰不知，紅頰獴卻似乎永遠都得要戰戰兢兢擇地而居。紅頰獴也似乎永遠都只能以小族群形式謀求生存。

紅頰獴，永遠都沒有辦法和非洲南非灰獴、又或者是非洲獴，那些足以呼風喚雨的強勢族群，相提並論。

一九八九年，紅頰獴被發現活動於香港新界西北后海灣，正式記錄成為香港本土哺乳類野生動物。然而，紅頰獴在香港的棲息空間和條件卻微不足道，微乎其微的數字記錄，僅能粗略估計紅頰獴活動米埔，偶爾才會出現坪輋、紅花嶺、大帽山、城門、烏蛟騰、大欖，行蹤飄忽，捉摸不定。

○○○

國內國外的紅頰獴行為文獻不多，極其有限的相關研究報告現在摘錄於後，提供參考：

紅頰獴，從白天橫越馬路得知，應該習慣在白晝活動。(Mammals of Thailand, 1977)

紅頰獴，驍勇善戰，喜單獨覓食，單槍匹馬，單打獨鬥，且不時獵殺較本身體積為大的各類獵物。(Mammals of Thailand, 1977)

紅頰獴，據有超人的嗅覺，可藉蛛絲馬跡輕易找到獵物居住的洞穴，繼而捕食。(Mammals of Thailand, 1977)

紅頰獴，遇到敵襲，立即豎起全身毛髮，藉毛尖與毛體不同色澤，產生明暗互替幻覺效果，令對手萌生怯意，知難而退。(Mammals of Thailand, 1977)

紅頰獴，雖然主食鼠類，也從不放過任何經過眼前的鳥類、爬蟲類、蛙類、蟹類、昆蟲，甚至毒蠍。(Mammals of Thailand, 1977)

紅頰獴，偏好在殺死獵物之後，首先舔食或吮吸獵物流出來的鮮血。(Mammals of Thailand, 1977)

紅頰獴，眼鏡蛇也是其特定的獵食對象。(Mammals of Thailand, 1977)

紅頰獴，體內並沒有對付毒蛇毒液的免疫能力，也沒有可以選擇草藥進食，作為治療毒害的特異功能。(Mammals of Thailand, 1977)

紅頰獴，攻擊眼鏡蛇，首先豎起毛髮，在安全距離範圍外繞着毒蛇團團轉，待毒蛇在其硬厚的毛髮耗盡毒液之後，趁機出襲，咬住蛇頭或蛇頸，致蛇於死地，食之。(Mammals of Thailand, 1977)

紅頰獴，典型陸棲動物，活動於草生地及次生林，棲息地洞或樹洞，不太會爬樹。(Mammals of Thailand, 1977)

紅頰獴，會因為南北緯度不同棲地而大小不一，北小南大。(Grzimek´s Encyclopedia of Mammals, 1976)

紅頰獴，能迅速馴服，且快速適應圈養。(Grzimek´s Encyclopedia of Mammals, 1976)

紅頰獴，並不偏食，菜單包括小型哺乳類動物、鳥類、鳥蛋、爬蟲、無脊椎動物、甲殼類、蝸牛、昆蟲、蚱蜢、甲蟲，甚至部分水果。(Grzimek´s Encyclopedia of Mammals, 1976)

紅頰獴，棲息熱帶丘陵山地灌叢，多在近水溪或耕地附近出現，自挖土穴或占據洞穴而居。(廣東野生動物，1970)

紅頰獴，能夠滅鼠、捕捉毒蛇，有益人類。(廣東野生動物，1970)

紅頰獴，雌性有三對乳頭，懷孕期六個星期，每次產仔二至四隻。(Mammals of Thailand, 1977)

紅頰獴，雌性有一次產仔五隻的記錄。(Pocock, 1941)

○○○

紅頰獴，既不美味可口，又缺醫療效用，更沒有可供欣賞的外觀或毛皮價值。紅頰獴，又棲息在被人忽略的草叢灌木夾縫。中國古代文獻，對於紅頰獴隻字不提。

紅頰獴，成為棲息華南地區，卻經人刻意忽略的哺乳類野生動物。

○○○

野生動物保護基金會，於二〇〇〇年九月開始調查香港哺乳類野生動物，在二十三個郊野公園、大埔滘自然保護區、幾近二百個風水林、耕地附近，陸續安裝將近二百部紅外線熱感應自動相機，拍攝到大量珍貴鏡頭。米埔自然保護區哺乳類野生動物調查，也於二〇〇一年一月由野生動物保護基金會與世界自然香港基金會合作，著手在魚塭基圍四周，安裝十部紅外線熱感應自動相機予以拍攝記錄。從此，經過相機拍攝記錄，逐一証實紅頰獴確實在新界北部呈小族群規模活動，紅頰獴也因此被証明成為米埔自然保護區，足以和水獺、豹貓相提並論的哺乳類野生動物。

紅頰獴，在香港被推敲只能以小族群形式在新界北部耕地附近自掃門前雪。

紅頰獴，在香港的活動棲地，被証明是少得可憐。

紅頰獴，甚至不可能對於任何本土哺乳類野生動物，包括鼠類，構成任何威脅。

二〇〇〇年九月至二〇〇三年四月止，安裝在香港山區的紅外線熱感應自動相機，記錄紅頰獴出現新界九龍半島資料五十二筆。紅頰獴在香港本島和大嶼山離島，並無任何發現記錄。

關於野生動物保護基金會記錄紅頰獴資料，現在節錄於後，提供參考：

一、香港本島

紅頰獴，至今在香港本島沒有任何發現記錄。

二、新界九龍半島

紅頰獴，於目前僅在東北區域，中西區域，西北米埔區域，有發現記錄。
紅頰獴，於白晝開始活動最早時間三筆。06:00, 07:00, 07:33。
紅頰獴，於黃昏結束活動最遲時間三筆。17:02, 17:07, 17:08。
紅頰獴，於白晝活動高峰時刻二段。10:00 – 12:00 十一筆。13:00 – 17:00 二十五筆。
紅頰獴，置身風雨出巡覓食記錄三筆。
紅頰獴，兩隻同行記錄一筆。
紅頰獴，三隻同行記錄一筆。
紅頰獴，夜晚露臉資料一筆。18:17。

三、大嶼山離島
紅頰獴，至今在大嶼山離島沒有任何發現記錄。

○ ○ ○

紅頰獴，活動香港的正式記錄始於一九八九年，當年推論紅頰獴可能是外地引進物種。

七十年代，無論是中國科學院動物所出版文獻、又或者是華南瀕危動物研究所出版文獻，均指出中國的紅頰獴 *Herpestes auropunctatus* 活動於華南地區，包括貴州、雲南、廣西、廣東、海南島等地。

七十年代，「泰國哺乳動物」文獻、以及「馬來半島哺乳動物」文獻，指出泰國和馬來西亞的紅頰獴 *Hewrpestes javanicus* 一向出沒於伊朗，伊拉克，阿富汗，喀什米爾，印度北部，尼泊爾，泰國，緬甸，馬來半島，爪哇等地。

一九九二年，牛津大學出版「印度馬來哺乳動物」文獻，終於將兩種各說各話的紅頰獴歸納統稱 *Herpestes javanicus*。學名統一，証實紅頰獴向來廣泛分布於東南亞地帶，也佐証紅頰獴經過廣東擴散至香港新界北部草生地、次生林、以及部分耕地附近，成為本土物種，而非曾經推論的所謂外地引進物種。

○○○

為什麼紅頰獴僅僅出現香港新界北部東西方向的狹長地帶？

為什麼紅頰獴不再朝南遷徙至那些遍布草生地和次生林更為成熟的生態環境？例如獅子山郊野公園、馬鞍山郊野公園、又或者是缺乏生態廊道的林村郊野公園？

究竟是層疊山脈阻擋？

到底是快速道路隔絕？

還是沒有被人類發現？

或者是紅頰獴正在秘密大舉南侵？

香港大學，生態學及生物多樣性學系，在最近的鼠類與植物種子萌芽關係研究調查，因為必需利用鼠籠捕捉老鼠，卻意外地在大帽山海拔七百公尺，抓到三隻紅頰獴。

看來，紅頰獴在香港，正如前言所述，行蹤飄忽，難以捉摸。

可能，分頭棲息，呈小族群模式活動，正是紅頰檬無法繼續南進的致命傷。

人為改變的地勢——公路、以及人為造成的天敵——野狗，兩者應該都是不容易克服的絕大障碍吧。

○○○

軍車疾駛而過。

米埔自然保護區的路面，又躺下一隻死不瞑目的紅頰獴。

「這裡難道真的不再是一片自然生態保護區了嗎？」

方才出竅的靈魂，只能眼睜睜望着自己不知道怎麼就倒在血泊裡，那具血淋淋的尸體。紅頰獴，哀怨地喃喃自語。

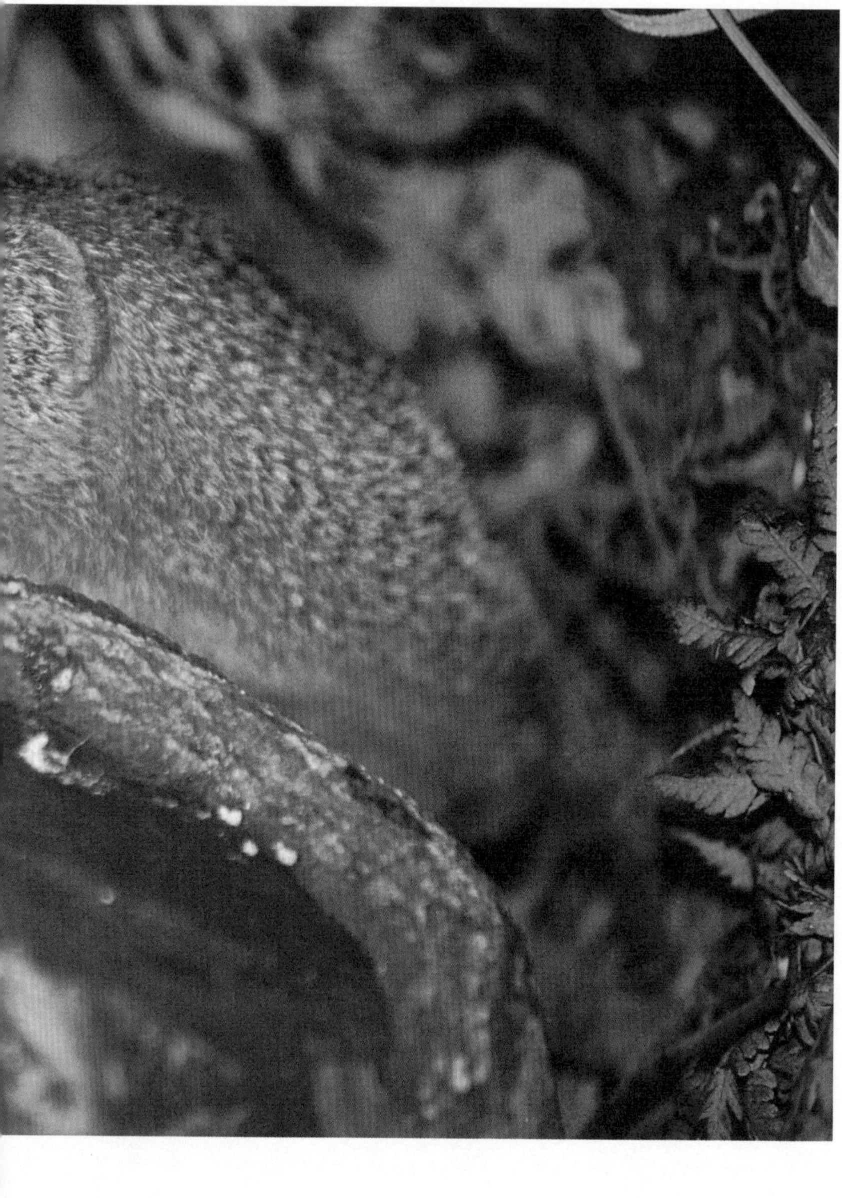

紅頰獴 (*Herpestes javanicus*)
於新界九龍半島日常活動模式

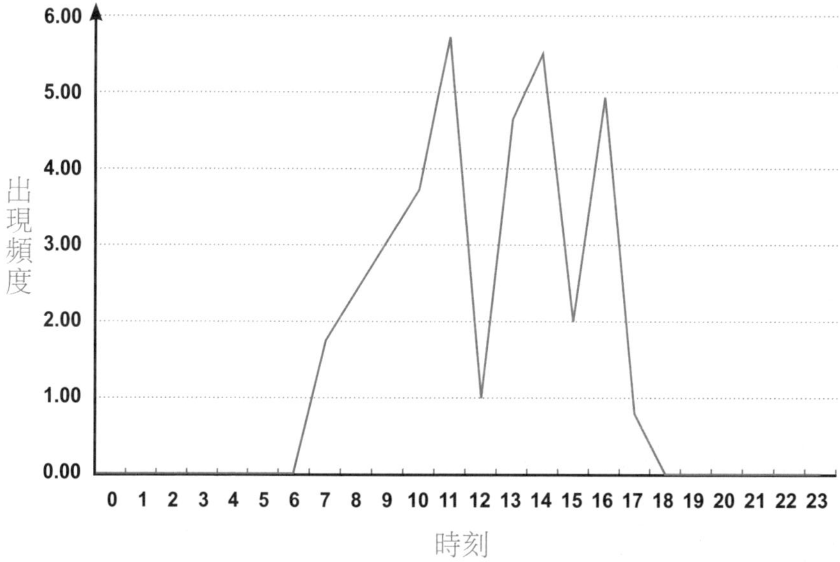

出現頻度 Occurrence Index (OI)

指每一千個相機工作小時內所拍得的動物個體數

$$OI = \frac{\text{所拍得的動物個體數} \times 1000}{\text{該動物出現地區的相機有效工作時數}}$$

新界九龍　時間：11:26　紅外線熱感應自動相機拍攝

新界九龍　時間：10:10　紅外線熱感應自動相機拍攝

新界九龍　時間：17:08　紅外線熱感應自動相機拍攝

新界九龍　時間：13:10　紅外線熱感應自動相機拍攝

新界九龍　時間：16:13　紅外線熱感應自動相機拍攝

新界九龍　時間：08:29　紅外線熱感應自動相機拍攝

新界九龍　時間：08:10　紅外線熱感應自動相機拍攝

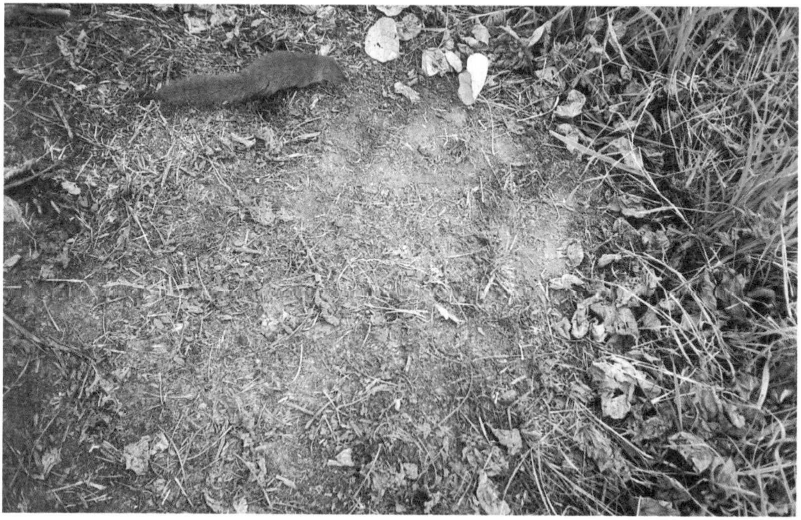

新界九龍　時間：17:02　紅外線熱感應自動相機拍攝

新界九龍　時間：11:30　紅外線熱感應自動相機拍攝

新界九龍　時間：09:01(大雨)　紅外線熱感應自動相機拍攝

新界九龍　時間：12:41　紅外線熱感應自動相機拍攝

新界九龍　時間：16:35　紅外線熱感應自動相機拍攝

新界九龍　時間：09:23　紅外線熱感應自動相機拍攝

新界九龍　時間：13:20　紅外線熱感應自動相機拍攝

新界九龍　時間：15:55　紅外線熱感應自動相機拍攝

新界九龍　時間：09:44　紅外線熱感應自動相機拍攝

紅頰獴

JAVAN MONGOOSE

Herpestes javanicus E. Geoffroy

何去何從　實在猶豫不決

食蟹獴（棕簑貓）

CRAB-EATING MONGOOSE

Herpestes urva Hodgson

體重：3－9公斤

體長：50－75公分

尾長：25－35公分

肩高：35－50公分

懷孕期：2－2.5個月

壽命：10－14年

○○○

雨珠，沿葉尖溜滴，晶瑩剔透。
雨聲，像悠美的樂音，此起彼落，嘀嘀答答，呼甦了青草，也喚醒了山芋。
草和葉，在濕漉的泥地挺直竄升，就像音樂會裡入場的樂迷，聞歌起舞，隨着突起忽落的旋律和緊握心房的節奏，忘我投入，盡情陶醉。
森林，一片生氣蓬勃。

微風徐徐，花香陣陣，曾幾何時，已經春末夏初，鳥啾蟬鳴，蜂飛蝶舞。
像細雨濛濛裡，田埂那身着簑衣的老農。
像炊煙裊裊裡，庭院那深居簡出的村婦。
食蟹獴，在樹林裡蹓躂，在草葉間穿梭，昂首高眺，埋頭聞嗅，臉上流露着傾慕的表情，表現出一副拜倒在千變萬化這大自然的德行，唯唯諾諾。

○
○
○

食蟹獴，在香港日出而巡、日落而息，活動新界山區的橫溪縱谷，行雲流水，飄忽不定。

食蟹獴，嘴尖耳小，頸短體粗，鼻頭、眼周淡紅，下頦淡白，四肢烏黑，趾間有蹼，吻角至頸肩左右兩側各有一條明顯白紋，披棕褐灰白顏色針毛，全身蓬鬆，形着簑衣，又名棕簑貓。

食蟹獴，俗稱螺螄貓，泥鰍貓，挖鰍狸，竹筒狸，石獴，石獾，山獾，水獾，貓鼬，笋狸，白獴，貂鼠。英文叫做 Crab Eating Mongoose。

食蟹獴，棲息東南亞，經分類成食肉目/裂腳亞目/獴形超科/靈貓科、獴亞科/獴屬物種。目前已知並無亞種。發現地區包括尼泊爾，北印度，不丹，泰國，緬甸，越南，印尼，中國四川、雲南、廣西、廣東、福建、浙江、海南島、香港，臺灣。

瀕危動植物國際貿易公約 CITES 已將食蟹獴列入附錄III。食蟹獴卻依然經常遭人獵捕，因其毛皮可製裘，針毛能製毛刷或毛筆。

○○○

食蟹獴，行為觀察不易。相關文獻寥寥無幾，能夠節錄可作參考的資料不多，一些品頭論足的食蟹獴文獻，現在摘錄於後，提供參考：

食蟹獴，主食螃蟹、蝸牛、魚類、青蛙等水棲動物，善泳，夜間覓食。(Grzimek's Encyclopedia of Mammals, 1976)

食蟹獴，肛腺發達，可朝後強力噴射臭液，欺敵或標識。(U Tun Yin, 1967)

食蟹獴，會用前爪將捕獲的貝類舉起，砸向石塊，敲碎進食。(Mammals of Thailand, 1977)

食蟹獴，善泳，可潛水覓食。(Mammals of Thailand, 1977)

食蟹獴，能藉後肢支撐，站立觀望，從而獲得開濶視野。(Mammals of Thailand, 1977)

食蟹獴，頸邊兩道白紋，又作為警告來犯者不得靠近的警示標誌。(Pocock, 1939)

食蟹獴，棲息山區溝谷溪流兩側密林，洞居，日間行動，常成對或携子齊齊活動。（中國脊椎動物，2000）

食蟹獴，吃蛇、蛙、鳥、蟹、昆蟲、軟體動物。解剖胃內渣滓可發現羽毛、蟹殼等物，其中以蛇鱗所占頻次最高。（中國脊椎動物，2000）

食蟹獴，亦捕捉鼠類為食。（中國脊椎動物，2000）

食蟹獴，主棲濕熱溝谷林緣，在山區灌叢、河壩、農田活動。（中國獸類踪跡，2001）

食蟹獴，喜掘洞覓食，黃昏活動，獨行，吃昆蟲、蚯蚓、青蛙，螃蟹、鼠類、鳥類、蛇類等動物。（中國獸類踪跡，2001）

食蟹獴，棲息山丘灌叢，居地洞，住地較固定。（廣東野生動物，1970）

食蟹獴，晨昏活動，於河溝、荒田、耕地掘地覓食，偏好螻蛄、泥鰍。（廣東野生動物，1970）

食蟹獴，偶然出現村舍，盜食家禽。（四川獸類，1999）

食蟹獴，蛇鼠天敵，屬於益獸。（四川獸類，1999）

食蟹獴，發現於海拔二百至二千六百公尺地區，以海拔一千公尺以下未經人為破壞的溪溝岸邊數量較多。（臺灣哺乳動物，1998）

食蟹獴，捕獲螺類，會咬破螺殼，將螺肉揪出食用。（臺灣哺乳動物，1998）

食蟹獴，用前爪抓住大型貝類或鳥蛋，自跨下向後擲向石塊，擊破食用。（臺灣哺乳動物，1998）

食蟹獴，行動時常背部高聳，身體彎成半圓形，視力較差，故又有盲貓之稱。（中國經濟動物，1964）

食蟹獴，具攀緣能力，但不樹棲，略識水性，有盜食農舍雞鴨家禽的記錄。（中國經濟動物，1964）

食蟹獴，日夜覓食，棲息沼澤及山澗近水處，近視，大胆，常捕捉泥鰍、螃蟹進食，亦以鼠類、無脊椎動物為食。(Wild Mammals of Hong Kong, 1967)

食蟹獴，在香港可能絕跡，最後記錄約在一九五二年，發現於香港本島和新界地區。(Wild Mammals of Hong Kong, 1967)

食蟹獴，在香港已經絕種，最後出現記錄是五十年代初期。(Wild Mammals of Hong Kong, 1967)

食蟹獴，每胎產仔二至五隻。（中國脊椎動物，2000）

食蟹獴，春季發情，懷胎兩個月。（四川獸類，1999）

○○○

古人文獻提及食蟹獴記載，現在摘錄如下，提供參考：

《大戴禮記．小辨篇》，引孔子之言：爾雅以觀於古，足以辨言矣。

《爾雅．釋獸》現代解説如後：

蒙頌，猱狀。

蒙頌，蒙貴，蒙獱，均為獴，靈貓科，行動跳躍敏捷，像猴。

蒙頌，猱狀，即蒙貴也，狀如雉而小，紫黑色，可畜，健捕鼠，勝於貓。

爾雅．釋獸究竟指的是什麼獴，不得而知。但是在中國大陸。食蟹獴卻早有毛皮商品專用名稱，叫做石獾皮。據説，拔除針毛之後的底絨細軟，具彈性，色澤鮮艷，呈金黃色，製裘，經久耐穿。

〇〇〇

野生動物保護基金會，於二〇〇〇年九月開始調查香港哺乳類野生動物。由安裝在山頭森林二百部紅外線熱感應自動相機，拍攝到大量珍貴鏡頭。二〇〇一年四月，新界山林設置的紅外線熱感應自動相機，首次記錄食蟹獴影像，其後接二連三拍攝記錄，證實食蟹獴維持一定族群數量在新界頻繁活動。香港本島和大嶼山離島卻無任何發現記錄。

二〇〇一年四月至二〇〇二年四月止，紅外線熱感應自動相機記錄食蟹獴在新界九龍半島拍攝資料三十二筆。香港本島和大嶼山離島並無任何發現記錄。

關於野生動物保護基金會記錄食蟹獴資料，現在節錄於後，提供參考：

一、香港本島

食蟹獴，至今在香港本島沒有任何發現記錄。

二、新界九龍半島

食蟹獴，目前僅在東北區域有發現記錄。

食蟹獴，於東北區域白晝開始活動最早時間二筆。06:21, 06:31。

食蟹獴，於東北區域黃昏結束活動最遲時間二筆。17:01, 17:58。

食蟹獴，於東北區域白晝活動高峰時刻三段。09:00 – 11:00 九筆，13:00 – 14:00 四筆，15:00 – 16:00 四筆。

食蟹獴，於東北區域置身風雨出巡覓食記錄四筆。

食蟹獴，於東北區域並無夜晚活動任何記錄。

食蟹獴，於新界九龍半島成為易危物種。

三、大嶼山離島

食蟹獴，至今在大嶼山離島沒有任何發現記錄。

○
○
○

食蟹獴，可能絕跡、以及已經絕種的報告，分別刊載於一九六七年牛津大學出版的「香港野生哺乳動物」Wild Mammals of Hong Kong、以及一九八二年香港政府出版的「香港動物」Hong Kong Animals。食蟹獴，卻在二〇〇一年四月至二〇〇二年四月，野生動物保護基金會進行的香港哺乳類野生動物調查，被陸續發現活動於新界東北區域。

頻次比率不低的曝光行踪究竟代表什麼？

食蟹獴，在香港並沒有絕跡絕種，原來一直就存活新界？

食蟹獴，因為廣東深圳大肆開發，而於八〇年代以後不斷南移，遷徙至新界？

紅外線熱感應自動相機初步追踪顯示，食蟹獴並非廣泛分布新界。食蟹獴，僅被發現活動新界東北區域。食蟹獴，並未繼續朝南移動擴散。

食蟹獴，極有可能因為香港新界早年耕地廢棄而被迫遷徙，最後棲息於人煙稀薄的東北角落，苟延殘喘。

食蟹獴，極有可能是因為香港政府持續植樹，次生林迅速成長，品質優良的棲地快速恢復，因而自廣東深圳回流新界，停留於人煙稀薄的東北角落，苟且偷生。

○○○

耳朵，傳來一部接着一部貨車，就在快速公路來來往往經過的隆隆聲響。

鼻孔，嗅聞着無知村民故意燒山，卻又無法控制的火苗，一陣又一陣的嗆鼻濃煙。

食蟹獴，在樹林裡踱步，在草葉間徘徊，昂首長吁，低頭惋惜，臉上流露出一副彷徨的表情，何去何從，實在是猶豫不決。

像細雨濛濛裡，田埂那身着簑衣的老農。

像炊煙裊裊裡，庭院那深居簡出的村婦。

過去的景象，過往的身影，一切似乎僅能存活在記憶裡了。

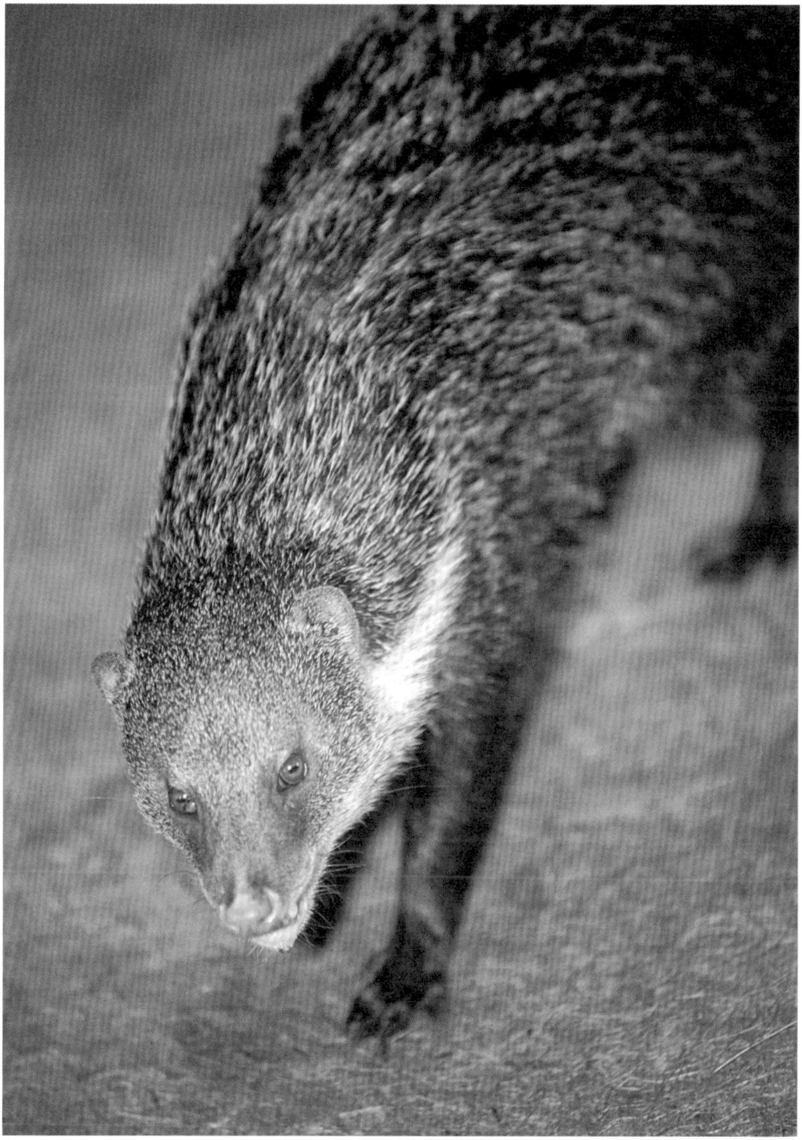

食蟹獴(Herpestes urva)
於新界九龍半島日常活動模式

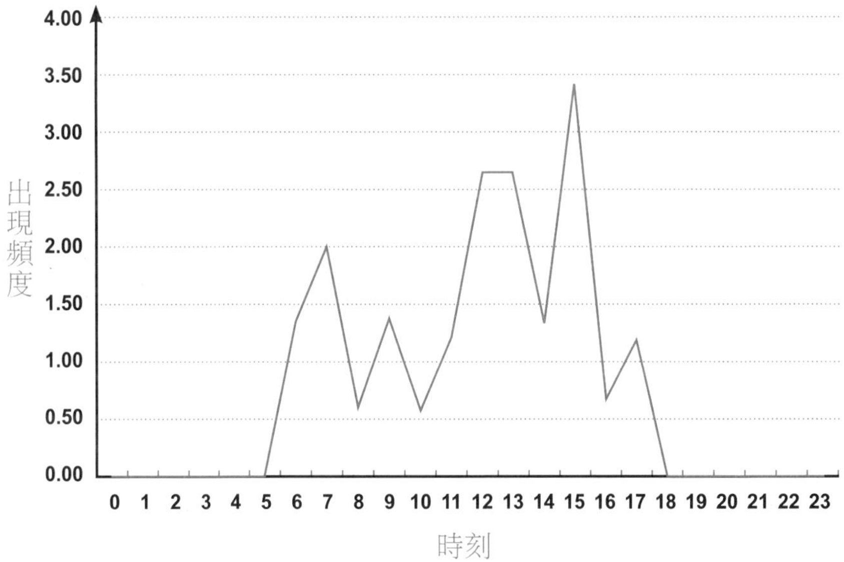

出現頻度 Occurrence Index (OI)

指每一千個相機工作小時內所拍得的動物個體數

$$OI=\frac{\text{所拍得的動物個體數} \times 1000}{\text{該動物出現地區的相機有效工作時數}}$$

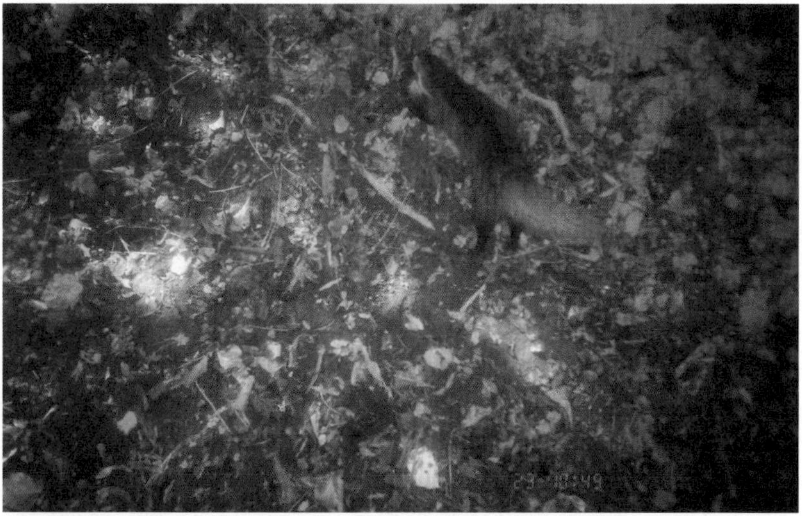

新界九龍　時間：10:49　紅外線熱感應自動相機拍攝

新界九龍　時間：12:27　紅外線熱感應自動相機拍攝

新界九龍　時間：17:58　紅外線熱感應自動相機拍攝

新界九龍　時間：13:27　紅外線熱感應自動相機拍攝

新界九龍　時間：15:45(大雨)　紅外線熱感應自動相機拍攝

新界九龍　時間：11:00　紅外線熱感應自動相機拍攝

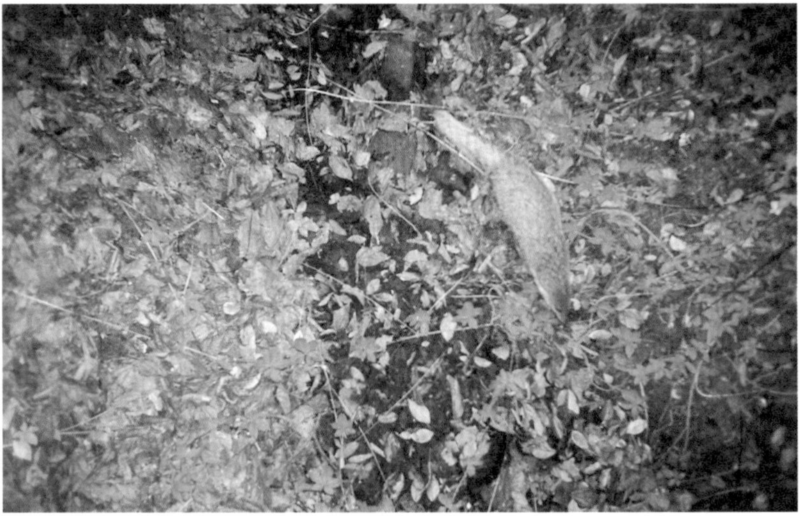

新界九龍　時間：11:11　紅外線熱感應自動相機拍攝

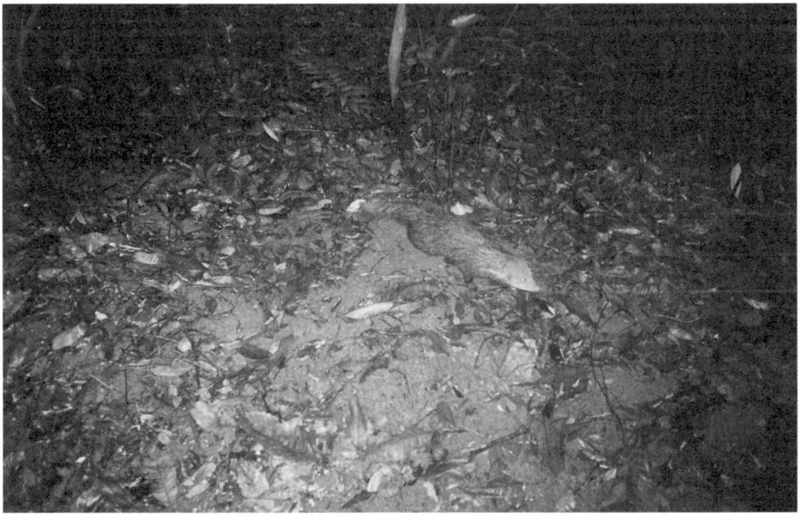

新界九龍　時間：09:53(大雨)　紅外線熱感應自動相機拍攝

新界九龍　時間：09:59　紅外線熱感應自動相機拍攝

新界九龍　時間：13:28　紅外線熱感應自動相機拍攝

新界九龍　時間：12:27　紅外線熱感應自動相機拍攝

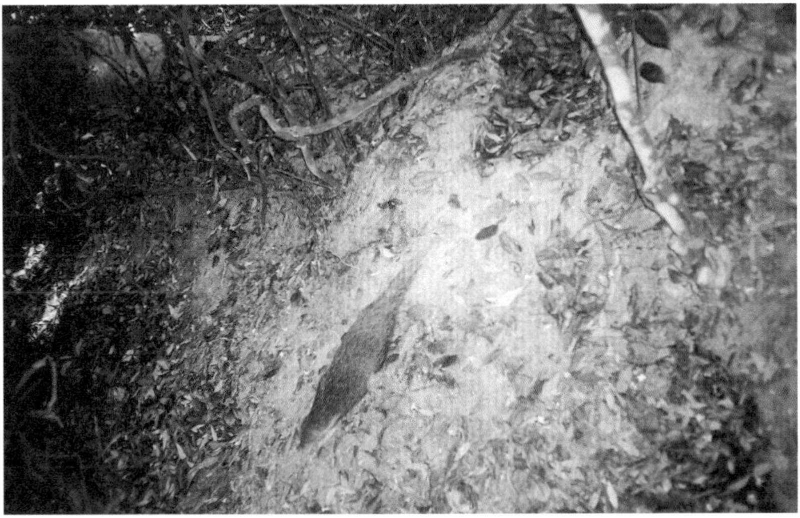

新界九龍　時間：09:55　紅外線熱感應自動相機拍攝

新界九龍　時間：12:50　紅外線熱感應自動相機拍攝

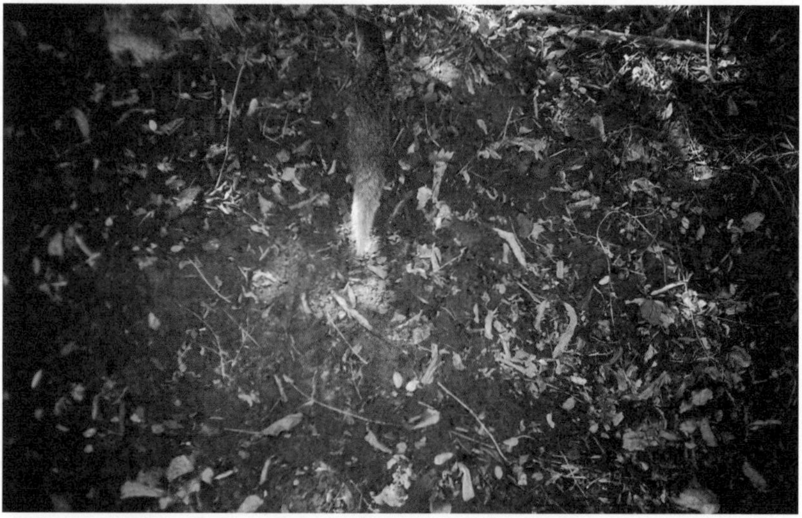

新界九龍　時間：09:49　紅外線熱感應自動相機拍攝

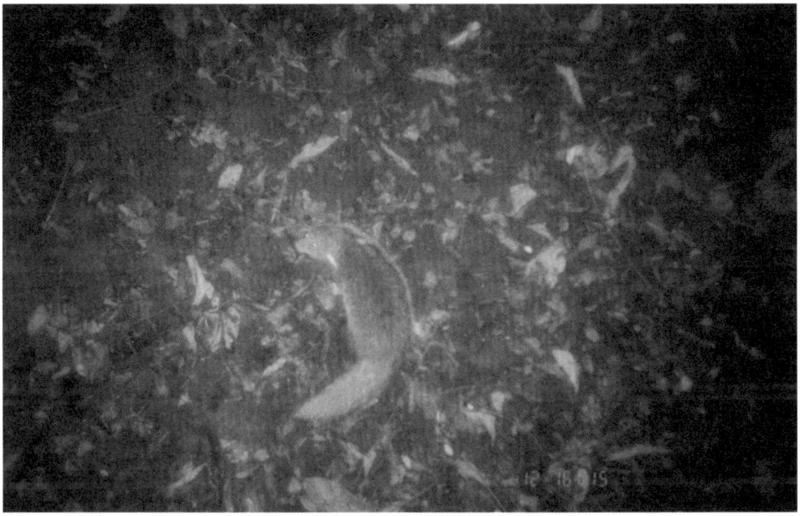

新界九龍　時間：16:15　紅外線熱感應自動相機拍攝

新界九龍　時間：17:07　紅外線熱感應自動相機拍攝

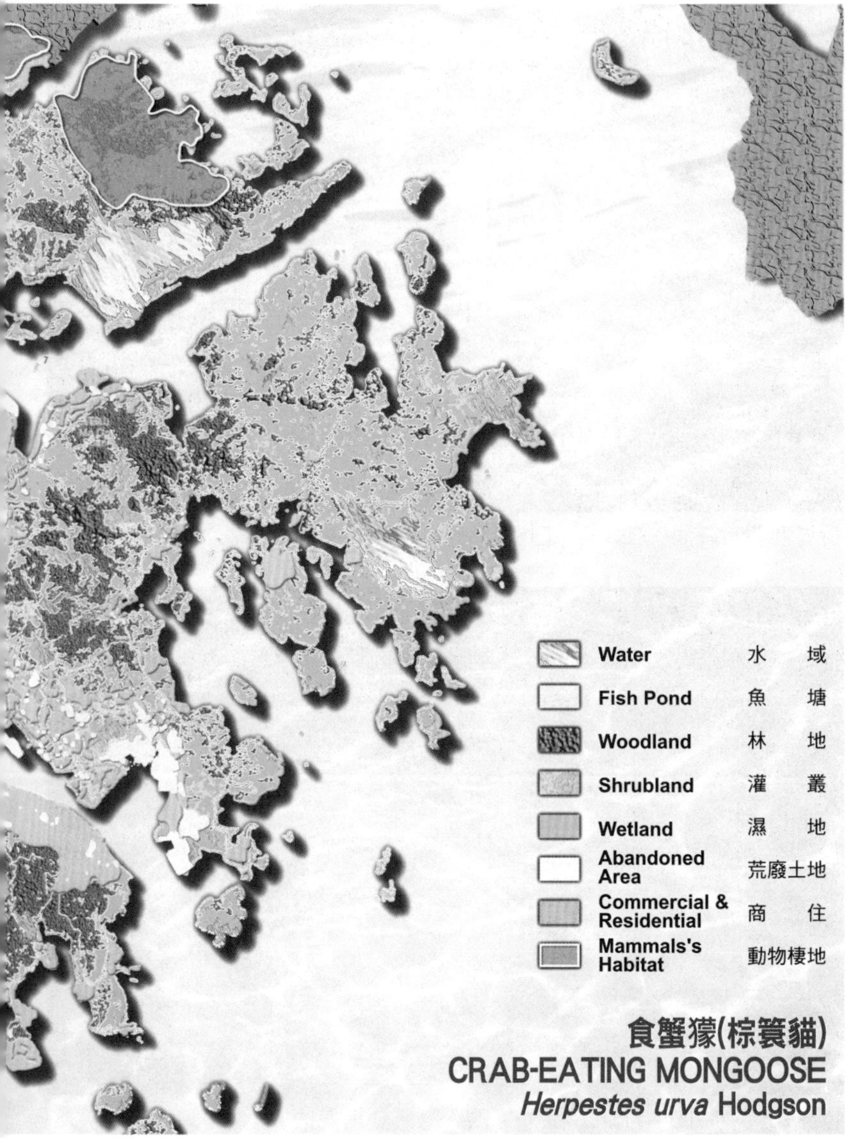

食蟹獴(棕簑貓)
CRAB-EATING MONGOOSE
Herpestes urva Hodgson

舞動獅頭 像在迎神賽會

鼬獾

FERRET-BADGER

Melogale moschata Gray

體重：1－1.5公斤

體長：33－40公分

尾長：15－20公分

懷孕期：2個月

壽命：（無記錄）

○ ○ ○

素昧平生？
似曾相識？
夜行食肉目哺乳類野生動物，藉着不同的騷臭氣味，辨識敵我，保持距離，分頭覓食，各自為政。

鼬獾，不請自來，搖頭晃腦，大搖大擺，像舞動獅頭，在迎神賽會。
鼬獾，伺機出動，相貌猙獰，表情狡黠，出入灌叢，不斷來回穿梭。
鼬獾，無聲無息，惡夜憑鼻頭趾爪出奇制勝，探穴爬樹，無攻不克。
鼬獾，日出而息，躲進陰暗，蜷縮一角，漸入夢鄉，白晝的世界根本不屑一顧，也無暇兼顧，盡管呼呼大睡，夢見的盡是餘味無窮。
牠夢見可口的蚱蜢和蟑螂。
牠夢見好吃的蚯蚓和昆蟲。
牠夢見香噴噴的蝸牛和甲蟲。
牠夢見熱騰騰的鳥蛋和老鼠。
牠夢見津津有味的蜈蚣和蜥蜴。
牠夢見大快朵頤的魚蝦和樹蛙。

鼬獾，夢着，夢着，又再饞涎欲滴。
鼬獾，瞇起眼睛，期盼着日落天黑。

○○○

鼬獾，鼻樑、眉額、頭蓋、頸背、腮幫、咽喉，斑紋累累。
鼬獾，滿臉圖騰，黑白分明，短小精悍，牙尖嘴利，鬍鬚髭髭，橫鼻子豎目，煞氣騰騰。
鼬獾，披着閃爍銀光的藏青毛皮，拖着光芒四射的蓬鬆銀尾，活像持着令牌的衙役，惡夜出巡，在草原森林通行無阻。
鼬獾，俗稱山獾，山獺，山狟，白猸，白鼻狸，豬仔狸，芒花狸，魚鰍貓，鯛鰍貓，小豚貓，田螺狗，臭狸子。英文叫做 Ferret-Badger。

鼬獾，生活於亞洲的夜行性哺乳類野生動物，分類為食肉目／裂腳亞目／熊形超科／鼬科／獾亞科／鼬獾屬物種。目前已知有四個亞種。發現地區包括尼泊爾，印度，泰國，緬甸、爪哇，婆羅洲，中國華中、華南、海南島、香港，臺灣。

鼬獾，外觀花俏，一度成為中國大陸炙手可熱的出口毛皮。

〇〇〇

鼬獾，體型細小，夜晚活動，行為觀察和研究顯然困難重重。

鼬獾，因為肉質不佳，缺乏實際經濟價值，圈養無人嘗試。

鼬獾，或多或少有其觀賞條件，細小的體型卻又令人興致缺缺，動物園亦望之卻步。

鼬獾，行為只能依據零星調查，東拼西湊，方知一二。

國內國外品頭論足的鼬獾文獻，現在摘錄於後，提供參考：

鼬獾，夜間活動，生活森林和草原，陸棲，卻也是爬樹高手。(Grzimek´s Encyclopedia of Mammals, 1976)

鼬獾，有睡臥樹頂枝幹的記錄。(Grzimek´s Encyclopedia of Mammals, 1976)

鼬獾，適應不同棲地，森林，草生地，甚至農田，均有其踪跡記錄。(Mammals of Thailand, 1977)

鼬獾，白晝躲進洞穴或天然石隙、樹縫，躺臥休息，夜間活動覓食。(Mammals of Thailand, 1977)

鼬獾，能藉肛腺分泌惡臭泌液驅敵解困。(Mammals of Thailand, 1977)

鼬獾，腳短，卻有極具握力的寬厚肉趾和修長尖銳的利爪。能攀樹覓食。(Mammals of Thailand, 1977)

鼬獾，於印度錫金是居民歡迎的益獸，被允許進入民宅搜食蟑螂和昆蟲，為民除害。(Mammals of Thailand, 1977)

鼬獾，棲息山區丘陵，進出森林灌叢，以土穴為居。（廣東野生動物，1970)

鼬獾，經常出沒耕地附近，利用土丘，草叢，枯木堆活動。（廣東野生動物，1970)

鼬獾，行動緩慢，易為犬隻擒獲，或遭人亂棍擊斃。（廣東野生動物，1970）

鼬獾，棲息河谷、田塘、溝渠附近的草地灌叢。（四川獸類，1999）

鼬獾，雜食動物，肉食，亦食果實。（四川獸類，1999）

鼬獾，有出現城鎮垃圾堆，翻食腐肉的記錄。（四川獸類，1999）

鼬獾，前爪修長，趾間有半蹼。（臺灣哺乳動物，1998）

鼬獾，出現旱田、菜園、苗圃，沿溪流、乾固河床、山徑移動。（臺灣哺乳動物，1998）

鼬獾，在雨季之前繁殖，每胎一至三隻。(Mammals of Thailand, 1977)

鼬獾，春季交配，夏季產仔，每胎四至五隻。（廣東野生動物，1970）

鼬獾，繁殖期間，可見成對活動。（臺灣哺乳動物，1998）

○○○

獾，古代《詩經》和《爾雅》均有記載，曰：醜其足蹯。提到的僅為豬獾和狗獾。古人文獻提及類似鼬獾記載，現在摘錄如下，提供參考：

《本草綱目》，李時珍曰，獾又作貆，亦狀其肥澤之貌，蜀人呼之天狗。（指的是狗獾）

《本草綱目》，汪穎曰，狗獾處處山野有之，穴土而居，形如家狗而腳短，食果實，有數種相似，其肉味甚甘美，皮可為裘。（指的也是狗獾）

《本草綱目》，李時珍曰，貒，豬獾也，貓團也，其狀團肥也。（指的是豬獾）

《本草綱目》，李時珍曰，貒，即今豬獾也，處處山野間有之。穴居，狀似小豬豘形，體肥而行鈍，其耳聾，見人乃走，短足短尾，尖喙褐毛，能孔地食蟲蟻瓜果，其肉帶土氣，皮毛不如狗獾。（指的也是豬獾）

鼬獾，古書隻字不提，顯然不足掛齒。

鼬獾，在中國大陸常年不受重視，可想而知。

○ ○ ○

香港政府，於一九八二年出版「香港動物」Hong Kong Animals。哺乳類野生動物部分，由香港大學動物系教授鄧尼斯．希爾博士 Dr. Dennis S. Hill 執筆，提及鼬獾在香港僅僅分布於香港本島與新界地區。

野生動物保護基金會，於二〇〇〇年九月開始調查香港哺乳類野生動物。意外發現鼬獾不僅大量分布香港本島和新界地區，同時出現九龍，更在大嶼山離島山區廣泛活動。鼬獾，在香港有足夠數據證明已經相當普及。鼬獾無孔不入，處處山野有之。

二〇〇〇年九月至二〇〇二年四月止，安裝在香港山區的紅外線熱感應自動相機記錄鼬獾資料三百八十四筆。計香港本島七十六筆，新界九龍半島二百二十三筆，大嶼山離島八十五筆。

關於野生動物保護基金會記錄鼬獾資料，現在節錄於後，提供參考：

一、香港本島

鼬獾，於夜晚開始活動最早時間四筆。19:01, 19:22, 19:56, 19:57。

鼬獾，於黎明結束活動最遲時間四筆。05:26, 05:34, 05:37, 05:51。

鼬獾，於夜晚活動高峰時刻二段。20:00 – 21:00 十二筆，05:00 – 06:00 十三筆。

鼬獾，置身風雨出巡覓食記錄七筆。

鼬獾，白晝露臉資料二筆。06:28, 07:04。

二、新界九龍半島

鼬獾，於東北區域夜晚開始活動最早時間三筆。20:15, 20:45, 20:57。

鼬獾，於東北區域黎明結束活動最遲時間二筆。05:49, 05:52。

鼬獾，於東北區域夜晚活動高峰時刻三段。22:00 – 24:00 十四筆，02:00 – 03:00 八筆，04:00 – 05:00 六筆。

鼬獾，於東北區域置身風雨出巡覓食記錄六筆。

鼬獾，於東北區域白晝露臉資料二筆。06:05, 06:40。

鼬獾，於中西區域夜晚開始活動最早時間四筆。18:39, 19:14, 19:17, 19:19。

鼬獾，於中西區域黎明結束活動最遲時間三筆。05:51, 05:53, 05:54。

鼬獾，於中西區域夜晚活動高峰時刻二段。22:00 – 23:00 八筆，01:00 – 03:00 十二筆。

鼬獾，於中西區域置身風雨出巡覓食記錄六筆。

鼬獾，於中西區域白晝露臉資料二筆。11:07, 11:45。

鼬獾，於東南區域夜晚開始活動最早時間五筆。19:19, 19:20, 19:28, 19:34, 19:35。

鼬獾，於東南區域黎明結束活動最遲時間六筆。05:36, 05:38, 05:39, 05:48, 05:56, 06:00。

鼬獾，於東南區域夜晚活動高峰時刻二段。20:00 – 22:00 二十筆，02:00 – 06:00 六十三筆。

鼬獾，於東南區域置身風雨出巡覓食記錄二十四筆。

鼬獾，於東南區域白晝露臉資料二筆。06:02, 06:11。

鼬獾，於西北米埔區域並無發現記錄。

三、大嶼山離島

鼬獾，於東區夜晚開始活動最早時間三筆。19:01, 19:39, 19:46。

鼬獾，於東區黎明結束活動最遲時間一筆。05:20。

鼬獾，於東區夜晚活動高峰時刻一段。19:00 – 21:00 六筆。

鼬獾，於東區置身風雨出巡覓食記錄一筆。

鼬獾，於東區兩隻同行嬉耍記錄二筆。

鼬獾，於東區無白晝露臉記錄。

鼬獾，於西區夜晚開始活動最早時間三筆。18:18, 18:52, 19:00。

鼬獾，於西區黎明結束活動最遲時間一筆。05:20。

鼬獾，於西區夜晚活動高峰時刻三筆。19:00 – 21:00 十六筆，22:00 – 03:00 四十四筆，04:00 – 05:00 八筆。

鼬獾，於西區置身風雨出巡覓食記錄八筆。

鼬獾，於西區白晝露臉資料一筆。17:23。

○

○

○

拍照存證，並不能增加我們對鼬獾的認識。

相片顯示不了鼬獾的習性。
相片交代不了鼬獾的食性。
相片僅能證明鼬獾有壓倒性的族群數量。
相片證實鼬獾夜晚單獨行動，摸索前進，分頭覓食。

鼬獾，在香港的體型僅僅大於嚙齒目的鼠類。
鼬獾，理應草木皆兵，風聲鶴唳。
鼬獾，所幸有一張虛張聲勢，猶如惡魔的花臉。
鼬獾，還有一把足以唬得對方一愣一愣，妖怪一般的嗓門。
鼬獾，配以臭腺，武裝利爪，得以隨機應變，隨遇而安，隨心所欲。
鼬獾，惟我獨尊，養尊處優，吃葷啖素，其樂陶陶。

○○○

香港，生態環境歷盡滄桑，原始森林砍伐殆盡。

盲目開墾。草草廢耕。匆匆播種。急急育苗。經過四十年復育的次生林，現在逐漸成長。樹和樹，連接成一片又一片的棲地森林。樹林，挺立在二十三個郊野公園，隨風搖曳。

鼬獾，究竟在生態環境演化變遷扮演什麼角色？

鼬獾，為什麼會廣泛散布在郊區任何角落？

鼬獾，會不會是分解腐肉的清道夫？

鼬獾，會不會又是播種育苗的經手人？

鼬獾，維持可觀的族群成長，耐人尋味。

鼬獾，看來其相關研究不可或缺。

鼬獾，看來其重要性，應該也不容分說。

鼬獾(*Melogale moschata*)
於香港本島日常活動模式

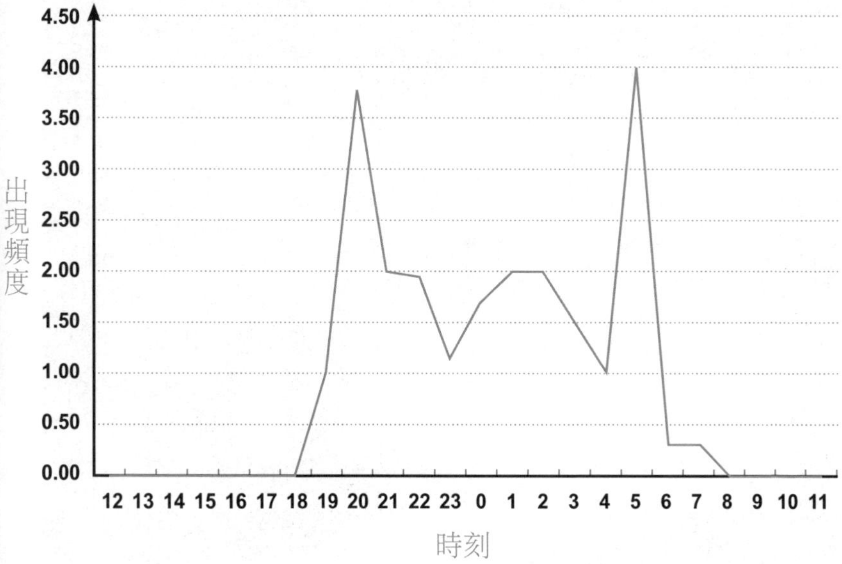

出現頻度 Occurrence Index (OI)

指每一千個相機工作小時內所拍得的動物個體數

$$\mathrm{OI} = \frac{\text{所拍得的動物個體數} \times 1000}{\text{該動物出現地區的相機有效工作時數}}$$

鼬獾（*Melogale moschata*）
於新界九龍半島日常活動模式

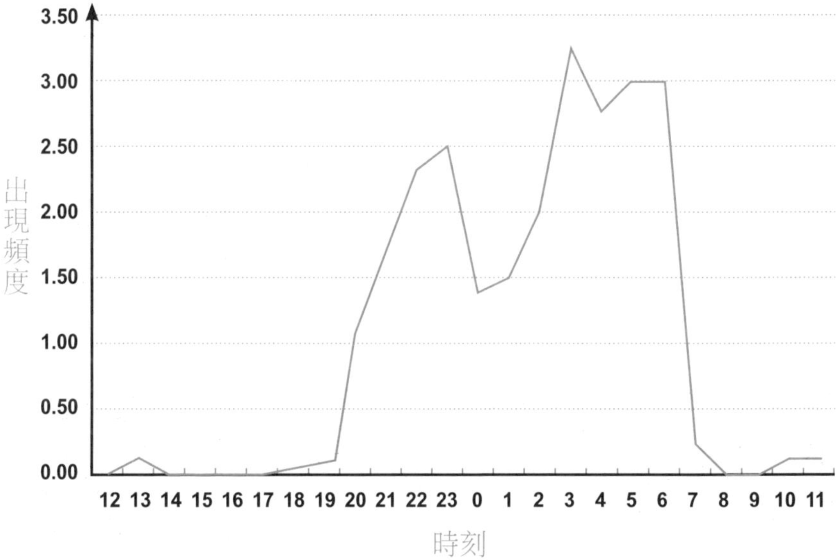

出現頻度 Occurrence Index (OI)

指每一千個相機工作小時內所拍得的動物個體數

$$OI = \frac{\text{所拍得的動物個體數} \times 1000}{\text{該動物出現地區的相機有效工作時數}}$$

大嶼山離島　時間：21:24　紅外線熱感應自動相機拍攝

新界九龍　時間：05:36　紅外線熱感應自動相機拍攝

鼬獾（*Melogale moschata*）
於大嶼山離島日常活動模式時刻

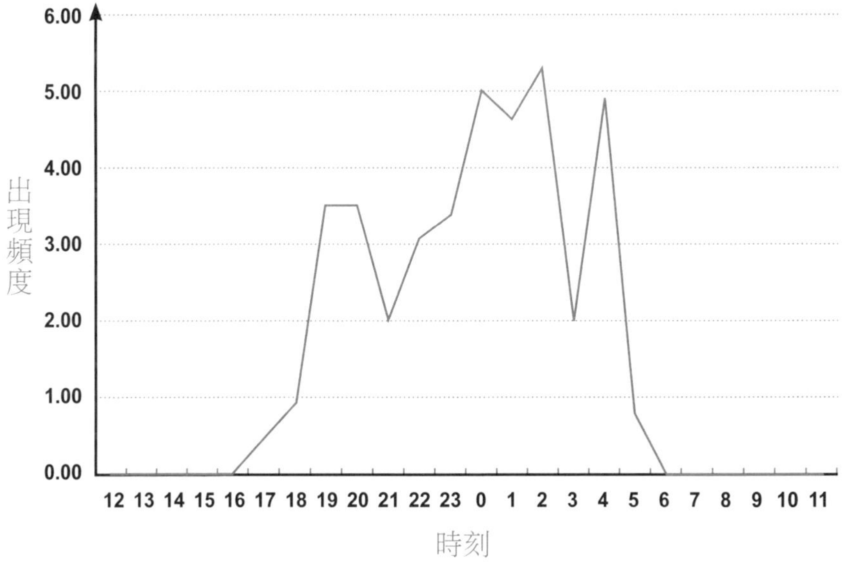

出現頻度 Occurrence Index (OI)

指每一千個相機工作小時內所拍得的動物個體數

$$\text{OI}=\frac{\text{所拍得的動物個體數}\times 1000}{\text{該動物出現地區的相機有效工作時數}}$$

大嶼山離島　時間：03:30　紅外線熱感應自動相機拍攝

新界九龍　時間：11:07(白晝)　紅外線熱感應自動相機拍攝

大嶼山離島　時間：21:30(兩隻)　紅外線熱感應自動相機拍攝

大嶼山離島　時間：23:18　紅外線熱感應自動相機拍攝

香港本島　時間：21:17　紅外線熱感應自動相機拍攝

香港本島　時間：19:57　紅外線熱感應自動相機拍攝

大嶼山離島　時間：04:01(大雨、兩隻)　紅外線熱感應自動相機拍攝

大嶼山離島　時間：19:39(大雨、兩隻)　紅外線熱感應自動相機拍攝

香港本島　時間：19:00　紅外線熱感應自動相機拍攝

大嶼山離島　時間：21:44　紅外線熱感應自動相機拍攝

新界九龍　時間：20:13　紅外線熱感應自動相機拍攝

新界九龍　時間：20:04　紅外線熱感應自動相機拍攝

香港本島　時間：05:19　紅外線熱感應自動相機拍攝

新界九龍　時間：22:53　紅外線熱感應自動相機拍攝

新界九龍　時間：22:18　紅外線熱感應自動相機拍攝

新界九龍　時間：20:50　紅外線熱感應自動相機拍攝

大嶼山離島　時間：02:47　紅外線熱感應自動相機拍攝

新界九龍　時間：03:14　紅外線熱感應自動相機拍攝

香港本島　時間：07:04(白晝)　紅外線熱感應自動相機拍攝

大嶼山離島　時間：22:02　紅外線熱感應自動相機拍攝

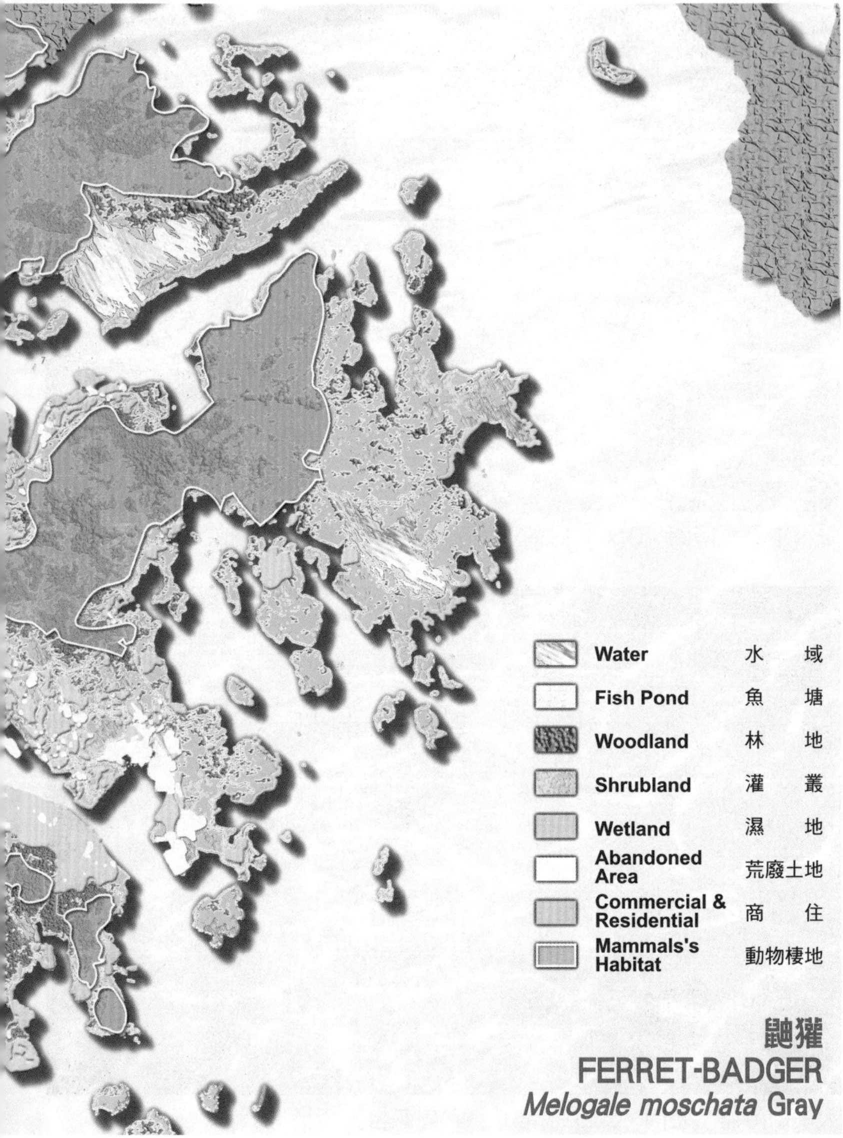

鼬獾
FERRET-BADGER
Melogale moschata Gray

靜待黑夜之神的光臨

果子狸（白鼻心）

MASKED PALM CIVET

Paguma larvata Hamilton-Smith

體重：3－5公斤

體長：60－70公分

尾長：50－60公分

懷孕期：2個月

壽命：15年

○ ○ ○

是躲在石縫裡？
是窩在樹洞裡？
是睡在不知道是誰、又或者是誰，一挖再挖的土洞裡？
是乾脆爬上樹幹，趴在枒杈，四腳垂懸，躲進樹冠層濃蔭底下，呼呼大睡？

白晝大地的鳥語花香，絲毫引不起一丁點心儀。果子狸只顧瞇着眼睛，似睡非睡，寧可養足精神，耐心靜待黑夜之神的光臨。

果子狸認為，只有在夜晚，一邊擡頭觀賞悠然低飛、凌空而過的蝙蝠，一邊瞪着大眼、憑着敏銳的嗅覺遊走覓食，那才算是真正享受，那才算是不枉此生。

即使沒有翼手，比起在樹冠層附近不斷摸黑飛竄的蝙蝠，果子狸也算幸運得多，塊頭夠大，行動夠快，再加上那些圍剿有方、攻擊力強、無事生非、無惡不作的野狗，夜半也應該歪的歪、倒的倒，無不呼呼大睡夢周公。習以為常漆黑作業的果子狸，似乎也就沒有什麼所謂的天敵了，或母子同行、或單槍匹馬，夜夜出巡，隨興遊蕩，光着腳板，穿荊越棘，無所顧忌，撿飲擇食，挑三挑四，呻漿果、嗑堅果、啃陸蟹、啖樹蛙、吃蝸牛、噬溝鼠、嚐蝗蟲、吞蜥蜴、食林鳥。果子狸成為少數能夠在早年逃過人為浩劫，而於今天次生林日漸成長的時候，依然僥倖存活的哺乳類野生動物。

果子狸，成為香港雜食性夜行哺乳類野生動物的典型代表，普遍分布香港、九龍、新界，就在郊野公園裡裡外外，晝伏夜出，每晚如是。

○　○　○

果子狸，全身灰褐，黑頭，黑足，黑尾。

果子狸，鼻尖至額頭有一道明顯白毛。

果子狸，額側，面頰，下頦飾有白色斑塊。

果子狸，頭頂至後頸，飾以細長灰白毛紋。

果子狸，所以又叫做白鼻心。

果子狸，俗名花面狸，玉面狸，牛尾狸，烏腳香，白額靈貓，白鼻樑，白鼻貓，青猺，香狸，樹團子，香團子。英文叫做 Masked Palm Civet。

〇〇〇

果子狸，生活於東南亞地區，分類成食肉目／裂腳亞目／獴形超科／靈貓科／狸貓亞科／白鼻狸貓屬物種。目前已知有九個亞種。發現地區包括印度，喜馬拉亞，喀什米爾，中南半島，馬來西亞，印尼，婆羅洲，中國華中、華西、華東、海南島、香港，臺灣，甚至日本還有臺灣引進物種。

果子狸，成為無人不知、無人不曉的哺乳類野生動物。果子狸，從前有很長一段時間，還是饕餮逢冬進補的開門藥方。

〇〇〇

野生果子狸行為觀察和研究，無人問津。

中國大陸雖然早已養殖果子狸，行為研究也僅限於實驗室觀察。臺灣有養殖果子狸的行業，卻沒有果子狸行為研究單位。野生果子狸行為，所知有限。

國內國外品頭論足的果子狸文獻，現在摘錄於後，提供參考：

果子狸，喜傍喬木而居，雜食，是最佳捕鼠者，卻鮮見襲擊圈養家禽。(Mammals of Thailand, 1977)

果子狸，吃食無花果，芒果，香蕉，樹葉。活動於稻田，垃圾堆，次生林。(Mammals of Thailand, 1977)

果子狸，觀察捕捉的野生果子狸，發現果子狸必先以觸鬚觸碰食物加以驗證，然後進食。(Prater, 1971)

果子狸，能藉着包括肛腺兩側一共四個腺孔，溢放稀黃流質，散發惡臭氣味，收驅敵之效。(Blanford, 1870)

果子狸，繁殖期處於早春旱季，以及秋末驟雨季。(Mammals of Thailand, 1977)

果子狸，有例證顯示，可生一胎四隻，三個月的身長尺寸已能比擬成年果子

狸，並會幫助母狸照顧再產的其餘幼子。(Mammals of Thailand, 1977)

果子狸，軀體毛色變化差異性大，淺褐色至深褐色不等，偶見尾端出現白尖者。(Grzimek´s Encyclopedia of Mammals, 1976)

果子狸，可藉伸縮自如的利爪，發揮出人意表攀登本領。(Grzimek´s Encyclopedia of Mammals, 1976)

果子狸，吃食小型脊椎動物和昆蟲，樹居，獨行。(Grzimek´s Encyclopedia of Mammals, 1976)

果子狸，棲息亞熱帶濶葉林、稀疏樹叢、灌木林，喜居樹洞、岩洞，三至四月發情，五至六月產子，每胎二至四隻。(四川獸類，1999)

果子狸，於中國大陸境內分布浙江，福建，廣東，廣西，湖南，湖北，陝西，河北，雲南，貴州，西藏等地，瀕危動植物種國際貿易公約 CITES 已將果子狸列入附錄III。(四川獸類，1999)

果子狸，善攀緣，多在樹上活動和覓食，以帶酸甜味道漿果為食。(中國脊椎動物，2000)

果子狸，主食多種植物果實，亦捕食鼠、蛙、蛇等動物。(中國野生哺乳動物，1999)

果子狸，雄性會將軀體蹲坐，以肛區摩擦地面於沿途標記，行為不同於以四足站立姿勢進行標記的非洲靈貓科動物。（賈志雲，2000）

果子狸，雄性的交配模式為無鎖結，有抽動，多次插入和單次射精類型。（賈志雲，2000）

果子狸，非繁殖期雄性獨居，進入繁殖期後即形成一雌二雄、一雌一雄、或二雌一雄的配種群，果子狸存在多雄制現象，因此決定了雄性之間競爭激烈，造成雄性果子狸交配持續時間長於某些具有陰莖骨之食肉目動物的交配持續時間。（賈志雲，2000）

果子狸，同時出現交配栓的存在，交配栓越大，其防止精液外漏的可能就越強，其有利於交配雄性果子狸的受精行為得以成功。（賈志雲，2000）

果子狸，於臺灣各地山區分布，於海拔一千公尺以下林間活動，綠島與蘭嶼也可見其踪跡，數量頗多。（臺灣哺乳動物，1998）

果子狸，利用乾涸溪谷或低於路面的乾溝行動，白晝穴居於倒木中空的大洞或岩洞，曾有山區工作人員於午間靠在枯木休息聽見異響，乃好奇鑿開枯木，發現果子狸在其間產子。（臺灣哺乳動物，1998）

果子狸，非但爬樹能力高強，更能以第二趾與第三趾之間的肌肉夾住枝條，來回懸垂在樹間的蔓藤，亦利用倒掛方式前進，逢樹過樹，粗壯的尾巴在高空像一根能夠隨時調整重力運動的平衡棒，可隨步伐不斷改變方向，保持平衡。（臺灣哺乳動物，1998）

果子狸，外生殖器兩側有皮膚增厚的臭腺，臭腺並不發達，但功能明顯，在岩石突起或樹幹隆起的部位，會以陰部磨擦標記，親子之間亦以氣味作個體辨識。（臺灣哺乳動物，1998）

○○○

《清．雍正古今圖書集成．博物滙編》關於果子狸行為在文字間若隱若現，呼之欲出。古人文獻提及果子狸記載，現在摘錄如下，提供參考：

《酉陽雜俎》，洪州有牛尾狸，肉甚美。

寇宗奭曰，江南一種牛尾狸，其尾如牛，人多糟食，未聞入藥。

李時珍曰，南方有白面而尾似牛者，為牛尾狸，亦曰玉面狸，專上樹木，食百果，冬月極肥，人多糟為珍品，大能醒酒。

《張揖廣雅》云，玉面狸，人捕畜之，鼠皆帖伏，不敢出也。

蘇轍曰，首如狸，尾如牛，攀條捷嶮如猱猴，橘柚為漿，栗為餱，筋肉不足，惟膏油，深居簡出，善自謀。

○○○

野生動物保護基金會，於二〇〇〇年九月開始調查香港哺乳類野生動物。由安裝在山頭森林二百部紅外線熱感應自動相機，拍攝到大量珍貴鏡頭。二〇〇〇年九月，果子狸成為紅外線熱感應自動相機，第一個記錄存檔的哺乳類野生動物。

二〇〇〇年九月至二〇〇二年四月止，紅外線熱感應自動相機記錄果子狸資料二百五十筆。計香港本島一百四十三筆，新界九龍半島一百〇七筆。果子狸在大嶼山離島並無發現記錄。

關於野生動物保護基金會記錄果子狸資料，現在節錄於後，提供參考：

一、香港本島

果子狸，於夜晚開始活動最早時間三筆。18:09, 18:11, 18:24。

果子狸，於黎明結束活動最遲時間三筆。05:13, 05:20, 05:24。

果子狸，於夜晚活動高峰時刻三段。19:00 – 22:00 四十七筆，23:00 – 01:00 三十筆，03:00 – 05:00 二十五筆。

果子狸，置身風雨出巡覓食記錄二十五筆。

果子狸，爬樹記錄二筆。

果子狸，母子同行記錄二筆。

果子狸，母子三隻同行記錄一筆。

果子狸，白晝露臉資料三筆。06:06, 06:34, 06:50。

二、新界九龍半島

果子狸，於東北區域夜晚開始活動最早時間三筆。19:17, 19:18, 19:51。

果子狸，於東北區域黎明結束活動最遲時間一筆。05:49。

果子狸，於東北區域夜晚活動高峰時刻二段。19:00 – 21:00 七筆，24:00 – 01:00 三筆。

果子狸，於東北區域置身風雨出巡覓食記錄四筆。

果子狸，於東北區域無白晝露臉記錄。

果子狸，於中西區域夜晚開始活動最早時間二筆。19:25, 19:47。

果子狸，於中西區域黎明結束活動最遲時間二筆。05:06, 05:07。

果子狸，於中西區域夜晚活動高峰時刻二段。22:00 – 23:00 八筆，24:00 – 01:00 九筆。

果子狸，於中西區域置身風雨出巡覓食記錄十一筆。

果子狸，於中西區域無白晝露臉記錄。

果子狸，於東南區域夜晚開始活動最早時間二筆。19:14, 19:16。

果子狸，於東南區域黎明結束活動最遲時間二筆。04:15, 04:45。

果子狸，於東南區域夜晚活動高峰時刻四段。20:00 – 21:00 五筆，22:00 – 23:00 五筆，01:00 – 02:00 五筆，03:00 – 04:00 六筆。

果子狸，於東南區域置身風雨出巡覓食記錄九筆。
果子狸，於東南區域兩隻同行記錄一筆。
果子狸，於東南區域無白晝露臉記錄。

果子狸，於西北米埔區域並無發現記錄。

三、大嶼山離島
果子狸，至今在大嶼山離島沒有任何發現記錄。

○○○

果子狸，香港往年活動數據從缺，致使二〇〇〇年九月至二〇〇二年四月累積的數據無從比對，無法得知香港果子狸族群數量增長率。累積數據，卻可以印証果子狸在香港本島、新界九龍地區廣泛分布。果子狸是早期殘存、能在最近四十年之間，重新擴散本土物種的最佳見證。

果子狸，相片極難分辨雌雄或成年已否。

果子狸，也不容易由相片端詳外觀特徵。

果子狸，香港卻確實無奇不有。

果子狸，有黑尾者，有非黑尾者。

果子狸，有黑足者，有非黑足者。

果子狸，有尾長者，有尾短者。

果子狸，有毛長者，有毛短者。

果子狸，有鼻尖至額頭飾白紋者，也有鼻尖通過額頭直達後頸均飾以白紋者。

果子狸，在香港琳瑯滿目，眼花撩亂。

果子狸，在香港作息時間規律，四季如常，風雨無阻。

果子狸，在香港活動頻繁，機智矯健，來回於滿布灌叢棘藤的次生林，習以為常。

果子狸，在香港是典型夜行哺乳類野生動物。

○○○

二〇〇〇年九月至二〇〇二年四月，累積果子狸活動資料顯示，香港果子狸生態行為和遺傳鑑定實值探索。

持續紅外線熱感應相機記錄，展開無線電追踪棲地活動範圍，着手DNA比對分類鑑定，應該都是今後研究香港果子狸行為的必要項目。

果子狸在香港一脈相承。

果子狸的存在，象徵香港生態環境欣欣向榮，間接肯定香港生物多樣性。

果子狸研究，有助於香港生態廊道的確認與修訂。

然而，果子狸在大嶼山杳無踪跡。

或者，果子狸也永遠就是一個謎。

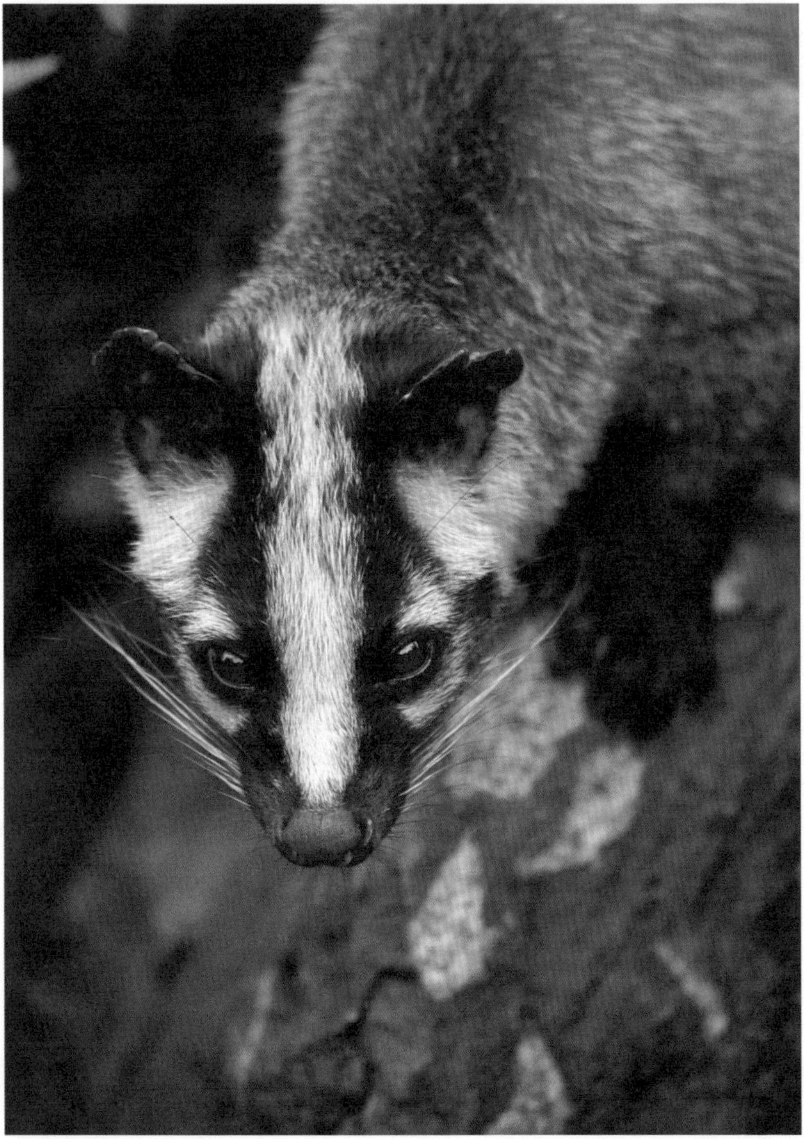

果子狸(*Paguma larvata*)
於香港本島日常活動模式

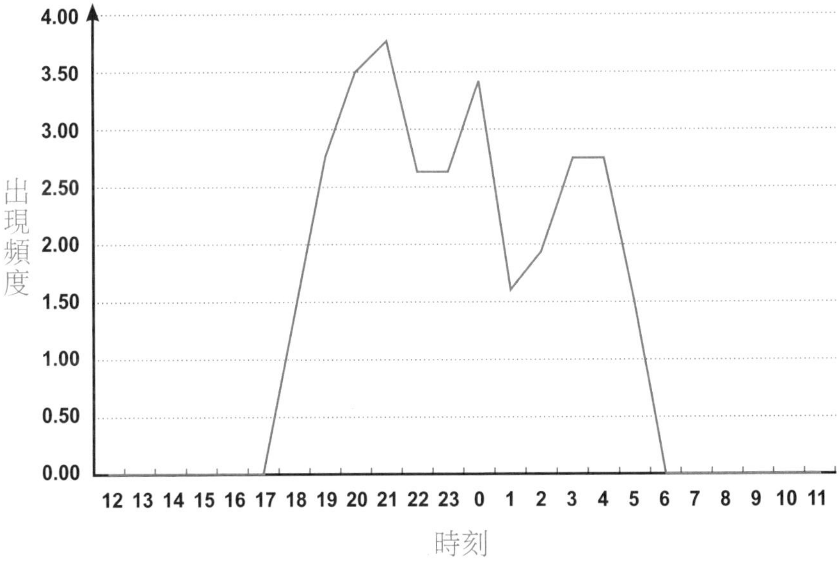

出現頻度 Occurrence Index (OI)

指每一千個相機工作小時內所拍得的動物個體數

$$OI=\frac{\text{所拍得的動物個體數} \times 1000}{\text{該動物出現地區的相機有效工作時數}}$$

香港本島　時間：01:19　紅外線熱感應自動相機拍攝

新界九龍　時間：01:15　紅外線熱感應自動相機拍攝

果子狸(*Paguma larvata*)
於新界九龍半島日常活動模式

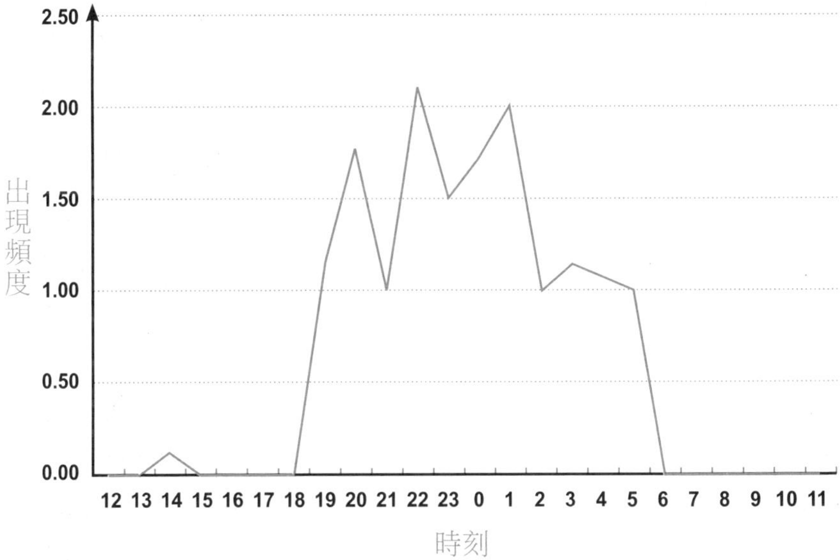

出現頻度 Occurrence Index (OI)

指每一千個相機工作小時內所拍得的動物個體數

$$OI=\frac{\text{所拍得的動物個體數} \times 1000}{\text{該動物出現地區的相機有效工作時數}}$$

香港本島　時間：18:09　紅外線熱感應自動相機拍攝

新界九龍　時間：20:35　紅外線熱感應自動相機拍攝

香港本島　時間：03:12　紅外線熱感應自動相機拍攝

香港本島　時間：18:11　紅外線熱感應自動相機拍攝

香港本島　時間：04:54(母子)　紅外線熱感應自動相機拍攝

香港本島　時間：19:20(母子)　紅外線熱感應自動相機拍攝

香港本島　時間：20:16(三隻)　紅外線熱感應自動相機拍攝

新界九龍　時間：19:45(母子)　紅外線熱感應自動相機拍攝

新界九龍　時間：23:30　紅外線熱感應自動相機拍攝

香港本島　時間：21:30　紅外線熱感應自動相機拍攝

香港本島　時間：21:19　紅外線熱感應自動相機拍攝

新界九龍　時間：22:28　紅外線熱感應自動相機拍攝

香港本島　時間：21:31　紅外線熱感應自動相機拍攝

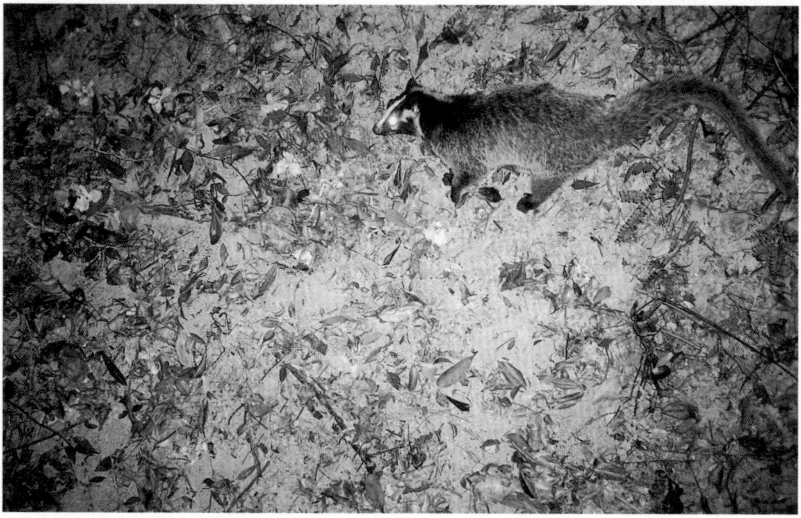

香港本島　時間：21:55　紅外線熱感應自動相機拍攝

香港本島　時間：21:29　紅外線熱感應自動相機拍攝

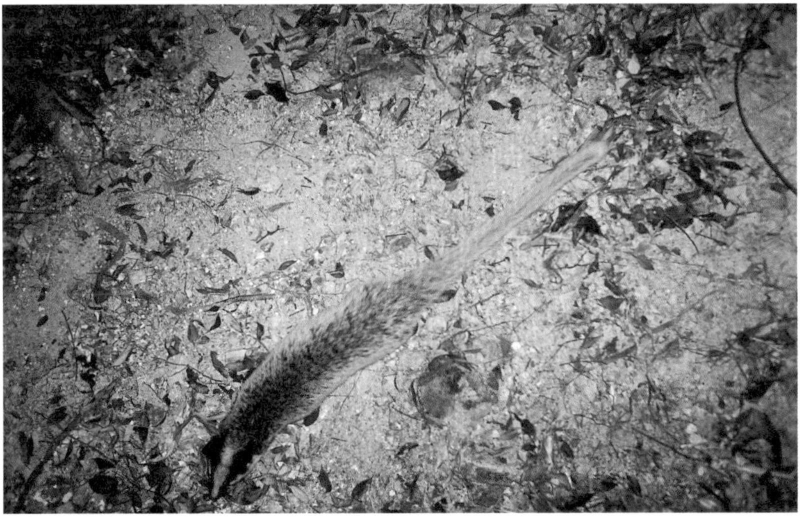
香港本島　時間：23:43　紅外線熱感應自動相機拍攝

香港本島　時間：21:00　紅外線熱感應自動相機拍攝

香港本島　時間：00:21(大雨)　紅外線熱感應自動相機拍攝

新界九龍　時間：20:53(大雨)　紅外線熱感應自動相機拍攝

新界九龍　時間：01:07(大雨)　紅外線熱感應自動相機拍攝

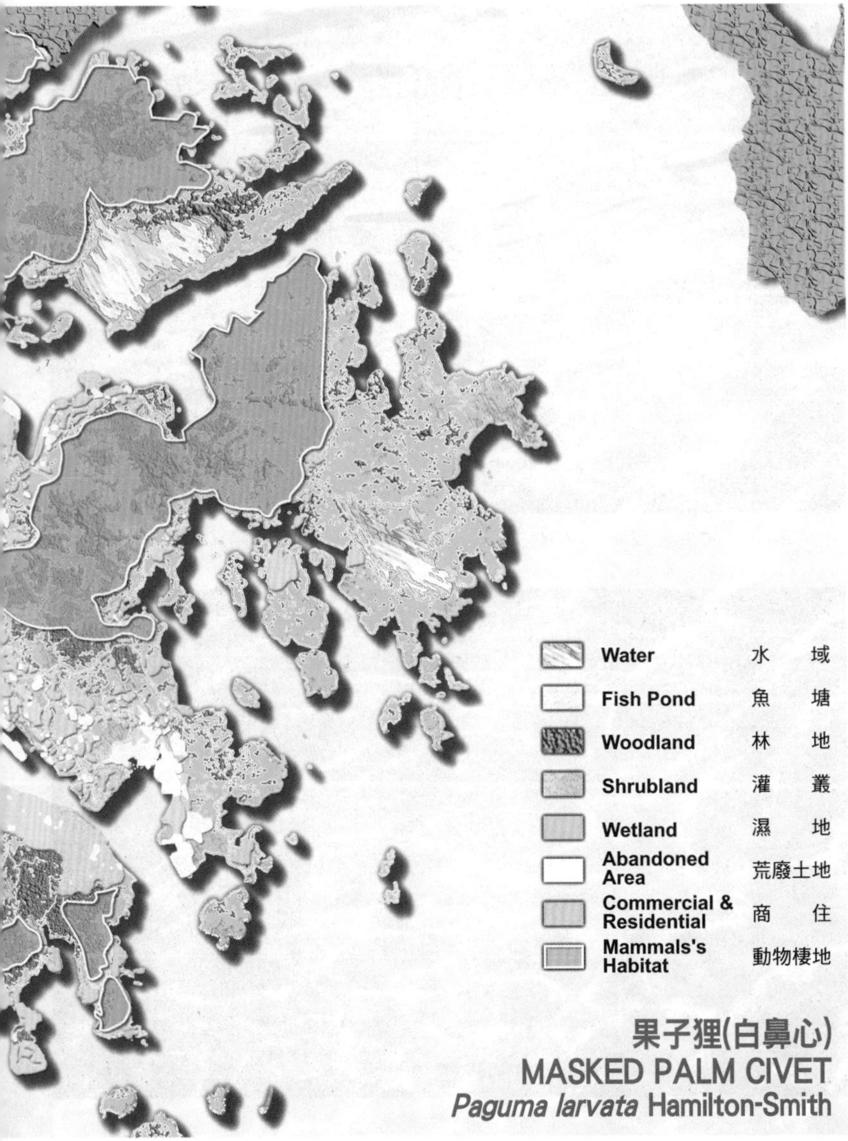

果子狸(白鼻心)
MASKED PALM CIVET
Paguma larvata Hamilton-Smith

又是一道令人費解的閃光

麝香貓

SMALL INDIAN CIVET

Viverricula idica Desmarest

體重：2－4公斤

體長：54－63公分

尾長：30－43公分

懷孕期：2－3個月

壽命：8－9年

○ ○ ○

挺進。掩蔽。瞭望。再挺進。……

麝香貓在叢林快速移動，像戰場無往不利的遊騎兵，夜夜出巡，聲東擊西。

「咔嚓！」

是一道費解的閃光！

麝香貓簡直不相信自己的眼睛。驟然而至的耀亮令牠本能地停在樹前，小心翼翼懸起前肢，豎直軀幹，坐立起來，踮腳張望，吸嗅空氣，豎耳傾聽。

「咔嚓！」

又是一道耐人尋味，卻令人費解的閃光！

胡亂揮揚前肢，就像路邊才被人調戲的大姑，牠惱羞成怒。

麝香貓百思不解，索性耐着性子，豎立樹前，儘管怎麼仔細觀看，就是搞不懂樹幹上面的閃光，究竟出自何方神聖。

「咔嚓！」「咔嚓！」……

這個發出閃光的東西能吃嗎？

掛在樹幹上的紅外線熱感應自動相機，卻毫不畏忌麝香貓，回應着眼前熱呼呼的體溫，自顧不暇，連續拍攝，而且是一拍再拍。

閃光讓麝香貓覺得無趣。牠決定離開，四肢着地，調頭而去，悻悻然。牠決心繼續遊走叢林，盡速覓食。

「嘰哩咕嚕。」……

麝香貓，飢腸轆轆，健步如飛，瞬間消失無蹤。

○ ○ ○

野外活動的麝香貓，本身就是一個謎。

尖嘴猴腮，小頭小腦，眼神犀利。

長着一對耳背邊緣微白的招風圓耳。

兩條縱走的黑色頸紋，自耳後通至項背，黑紋再由背脊延伸，四至六條，鮮艷亮麗，直指尾根。

軀幹修長，色澤黃褐。

拖着一條六至九節，黑黃分明的環紋大尾。

數之不盡的圓形黑斑，又散布腹股兩邊，以壯聲勢。

略嫌短小的四肢，活像穿着黑色長筒軍靴，彷彿無攻不克，無堅不摧。

麝香貓，不斷引頸舉目，駐足偵測，猶如身着戎裝的武官，威風凜凜，令人肅然起敬。

野外遊蕩的麝香貓，根本就是一個謎。

○
○
○

麝香貓，俗名筆貓，小靈貓，香貓，箭貓，七間狸，烏腳貓，草貓，騷貓。英文叫做Small Indian Civet。

麝香貓，分類成食肉目／裂腳亞目／獴形超科／靈貓科／靈貓亞科／筆貓屬物種。目前已知有四個亞種。分布地域包括印度，斯里蘭卡，中南半島，馬來半島，印尼，中國華中、華西、華南、海南島、香港，臺灣，言之鑿鑿，麝香貓還出現西印度洋接近非洲的馬達加斯加。

麝香貓，曾經被認為是亞洲地區最為活躍的哺乳類野生動物之一。麝香貓，卻沒有文獻詳細記載於野外的分布與行為。麝香貓，沒有人研究或者關心其何去何從。

麝香貓，僅僅知道，因為分泌靈貓香可製成皮革工業用的定香劑，慘遭獵殺。

麝香貓，僅僅知道，因為靈貓香猶如麝香、龍涎香、海狸香，能配製壯陽劑、強心劑、強壯劑，慘遭獵殺。

麝香貓，僅僅知道，因為靈貓香可以製成香水、化粧品的保香和留香劑，慘遭獵殺。

麝香貓，僅僅知道，因為被毛的絨毛細密柔軟，能夠加工製成香狸皮，慘遭獵殺。

麝香貓，僅僅知道，因為被毛擁有極富彈性的針毛，可做筆尖，能製毛筆，慘遭獵殺。

麝香貓，僅僅知道，因為肉味鮮美，烹煮熟食，補益暖胃，慘遭獵殺。

麝香貓，中國大陸資料顯示，皮毛年收購量可達十數萬張。

麝香貓，在中國大陸的遭遇，令人搖頭嘆惜。

○○○

國內國外都有品頭論足的麝香貓文獻，現在摘錄於後，提供參考：

麝香貓，擁有極佳攀爬本領，能藉利爪爬樹。(Grzimek's Encyclopedia of Mammals, 1976)

麝香貓，夜行動物，有記錄顯示，雨季期間偶爾會在白晝活動。(Grzimek´s Encyclopedia of Mammals, 1976)

麝香貓，喜單獨行動。(Grzimek´s Encyclopedia of Mammals, 1976)

麝香貓，樹棲性動物。(Grzimek´s Encyclopedia of Mammals, 1976)

麝香貓，雖然是攀爬高手，卻經常在地面獵食。(Grzimek´s Encyclopedia of Mammals, 1976)

麝香貓，玩弄獵物於指掌，利用前掌或口鼻推動獵物，欲縱或擒。(Grzimek´s Encyclopedia of Mammals, 1976)

麝香貓，在洞穴，樹根，或樹洞休息。(Grzimek´s Encyclopedia of Mammals, 1976)

麝香貓，四肢短小，方便於地洞及石縫獵食。(Mammals of Thailand, 1977)

麝香貓，從來就沒有在喬木森林活動的觀察記錄。(Mammals of Thailand, 1977)

麝香貓，出沒灌木叢及草叢。(Mammals of Thailand, 1977)

麝香貓，以家禽，鼠類，鳥類，蛇類，水果，根莖為食。(Mammals of Thailand, 1977)

麝香貓，有記錄顯示吃食腐屍和腐肉。(Mammals of Thailand, 1977)

麝香貓，常於溪邊活動，雜食，以昆出、蛙、蛇、小獸、野果為食。（四川獸類，1999）

麝香貓，喜棲樹叢，草叢，墓穴，石縫，土洞，橋墩，倉庫，村居。（藥用動植物，2000）

麝香貓，活動易受季節、氣候、食物等條件影響而發生變動，久旱初雨或久雨初晴較為活躍。（藥用動植物，2000）

麝香貓，會攀樹捕食鳥類、松鼠、或採摘野果。（藥用動植物，2000）

麝香貓，善游泳，可橫渡溪溝及河流。（藥用動植物，2000）

麝香貓，食性廣泛，包括蛙、蛇、鳥、鳥蛋、小魚、泥鰍、小蟹、蝗蟲、蚱蜢、螻蛄、甲蟲、核果、樹葉、樹根、蕃薯、植物種子、青草，特別愛吃鼠類及薔薇科果實。（藥用動植物，2000）

麝香貓，體色及斑紋並非固定不變，會隨季節不同產生變化，冬季毛斑較為模糊。（藥用動植物，2000）

麝香貓，香腺位於肛門與生殖器之間，香腺呈縱向開口，終年分泌麝香和進行擦香。（藥用動植物，2000）

麝香貓，可於任何物體進行擦香，常在稍有突起的物體擦香。（藥用動植物，

2000）

麝香貓，早年遍布臺灣各地中低海拔山區，現已明顯稀少，稿山植物園區仍有部分族群存在，數量穩定。（臺灣哺乳動物，1998）

麝香貓，以動物性食物為主的雜食性動物，吃鼠類、鳥類、兩棲類、爬蟲類、魚類、甲殼類、昆蟲類、蜈蚣、蝸牛、蛞蝓、蚯蚓、山紅柿、長葉木薑子、楠木屬、薯豆、懸鉤子類、瓜類、以及禾本科植物的草莖、嫩葉。（臺灣哺乳動物，1998）

麝香貓，雨季前後是繁殖期。(Grzimek's Encyclopedia of Mammals, 1976)

麝香貓，每胎產仔一至三隻，初生幼仔全身裹毛，第五天張開耳朵，第八天睜開眼睛。(Grzimek's Encyclopedia of Mammals, 1976)

麝香貓，雌獸腹部有六個乳頭，多在夏季產仔，但終年繁殖，每胎四至五隻，在岩石下或大樹根部挖掘洞穴生育。(Grzimek's Encyclopedia of Mammals, 1976)

麝香貓，幼仔體重於十二天可達一百公克，三十天可增加至四百公克，成長快速。(Grzimek's Encyclopedia of Mammals, 1976)

麝香貓，幼仔可於六十天斷奶，並進食固體食物。(Grzimek's Encyclopedia of Mammals, 1976)

麝香貓，經瀕危動植物種國際貿易公約 CITES 列入附錄III，中國明確認定是二

級重點保護動物。（四川獸類，1999）

○○○

中國古代文獻，麝香貓記載引人入勝，讚不絕口。《清・雍正古今圖書集成・博物滙編》提及麝香貓記載，現在摘錄如下，提供參考：

《酉陽雜俎》，香狸取其水道連囊以酒澆，乾之，其氣如真麝。

《酉陽雜俎》，香狸生四個外腎。

《酉陽雜俎》，狸，豸在里者，里人所居也，狸穴而薶焉，故狸又通於薶。

李時珍曰，按埤雅云，獸之在里者，故從里穴居，薶伏之獸也。

蘇頌曰，狸處處有之，其類甚多，似虎斑文者堪用，貓斑者不佳，南方一種香狸，其肉甚香，微有麝氣。

寇宗奭曰，貂形類貓，其文有二，一如連錢，一如虎紋，皆可入藥，肉味與狐不相遠。

李時珍曰，似虎貍而尾有黑白錢文相間者，為九節貍，皮可供裘領，宋史安陸州貢，野貓花貓即此二種，也有文如豹，而作麝香氣者為香貍，即靈貓也。

陳藏器曰，靈貓生南海山谷，狀如貓，自為牝牡，其陰如麝，功亦相似，按異物志云，靈貓一體自為陰陽，刳其水道連囊以酒洒，陰乾，其氣如麝，若雜入麝香中，罕能分別，用之亦如麝焉。

李時珍曰，按段成式言，香貍有四外腎，則自為牝牡者或由此也。

《劉郁西域記》，黑契丹出香貍，文似土豹，其肉可食，糞溺皆香如麝氣。

《楊慎丹鉛錄》，予在大理府見香貓如貍，其紋如金錢豹，此即楚辭所謂乘赤豹兮。

○ ○ ○

野生動物保護基金會，於二〇〇〇年九月開始調查香港哺乳類野生動物。由安裝在山頭森林二百部紅外線熱感應自動相機，拍攝到大量麝香貓珍貴鏡頭。麝香貓，遍布新界九龍、香港本島，獨來獨往，習以為常，活躍山野，神出鬼沒。

二〇〇〇年九月至二〇〇〇二年四月止，紅外線熱感應自動相機記錄麝香貓資料五百八十八筆。計香港本島一百四十四筆，新界九龍半島四百四十四筆。麝香貓在大嶼山離島，並無發現記錄。

關於野生動物保護基金會記錄麝香貓資料，現在節錄於後，提供參考：

一、香港本島

麝香貓，於夜晚開始活動最早時間三筆。18:02, 18:39, 18:45。

麝香貓，於黎明結束活動最遲時間六筆。05:31, 05:37, 05:46, 05:49, 05:54, 05:58。

麝香貓，於夜晚活動高峰時刻一段。19:00 – 01:00 八十三筆。

麝香貓，置身風雨出巡覓食記錄十九筆。

麝香貓，兩隻幼仔同行嬉耍記錄一筆。

麝香貓，白晝露臉資料十六筆。06:12, 06:18, 06:27, 06:31, 06:32, 06:34, 07:32, 09:01, 09:56, 13:35, 13:56, 14:02, 17:01, 17:27, 17:48, 17:59。

二、新界九龍半島

麝香貓，於東北區域夜晚開始活動最早時間四筆。18:14, 18:33, 18:36, 18:37。

麝香貓，於東北區域黎明結束活動最遲時間四筆。05:42, 05:45, 05:50, 05:53。

麝香貓，於東北區域夜晚活動高峰時刻二段。18:00 – 23:00 五十九筆，03:00 – 06:00 三十七筆。

麝香貓，於東北地區域置身風雨出巡覓食記錄十八筆。

麝香貓，於東北區域白晝露臉資料九筆。06:10, 06:21, 06:43, 07:08, 08:07, 15:35, 16:36, 16:53, 17:47。

麝香貓，於中西區域夜晚開始活動最早時間三筆。18:07, 18:24, 18:30。

麝香貓，於中西區域黎明結束活動最遲時間四筆。05:32, 05:49, 05:50, 05:52。

麝香貓，於中西區域夜晚活動高峰時刻三段。19:00 – 21:00 二十二筆，22:00 – 01:00 三十六筆，03:00 – 05:00 三十一筆。

麝香貓，於中西區域置身風雨出巡覓食記錄十三筆。

麝香貓，於中西區域白晝露臉資料十筆。06:11, 06:14, 12:07, 13:50, 14:38, 14:46, 16:23, 16:55, 17:06, 17:17。

麝香貓，於東南區域夜晚開始活動最早時間四筆。18:34, 18:55, 18:56, 18:57。

麝香貓，於東南區域黎明結束活動最遲時間四筆。05:40, 05:51, 05:52, 05:54。

麝香貓，於東南區域夜晚活動高峰時刻三段。18:00 – 19:00 八筆，21:00 – 24:00 二十六筆，03:00 – 04:00 九筆。

麝香貓，於東南區域置身風雨出巡覓食記錄十九筆。

麝香貓，於東南區域懸起前肢豎立眺望記錄一筆。

麝香貓，於東南區域白晝露臉資料七筆。06:08, 06:26, 06:42, 06:43, 13:54, 17:46, 17:59。

麝香貓，於西北米埔區域夜晚開始活動最早時間三筆。18:21, 18:24, 18:37。

麝香貓，於西北米埔區域黎明結束活動最遲時間二筆。05:21, 05:31。

麝香貓，於西北米埔區域夜晚活動高峰時刻二段。20:00 – 21:00 十筆，24:00 – 04:00 三十筆。

麝香貓，於西北米埔區域置身風雨出巡覓食記錄七筆。

麝香貓，於西北米埔區域涉水覓食記錄二十一筆。

麝香貓，於西北米埔區域白晝露臉資料三筆。06:20, 06:22, 16:48。

三、大嶼山離島

麝香貓，至今在大嶼山離島沒有任何發現記錄。

○○○

麝香貓，在香港缺乏過往任何活動記錄可以比對，可觀的拍攝資料卻顯示族群旺盛，一直維持可觀數量，躍居強勢物種。

麝香貓，在香港粗茶淡飯，但是不會放棄偶爾順手拈來的山珍海味。

麝香貓，在香港豐衣足食，身強體健，傳宗接代，得心應手，穩定成長。

麝香貓，在香港生龍活虎，攀高走低，上山下水，反應敏捷，身手不凡。

麝香貓，在香港公然白晝活動，突破夜行動物行為基本模式。

麝香貓，充分利用香港山野的次生林？

麝香貓，習慣少吃多餐，因為食物來源多得數不清？
麝香貓，數量飽和，不得不劃清界限，不分晝夜，各自獵食？
麝香貓，故意迴避覓食對象可能重疊的果子狸、又或者是豹貓？

麝香貓，在香港會下水捕魚。
麝香貓，在香港早已適應灌木叢環境，進出自如。
麝香貓，在香港活動頻繁，風雨無阻。

麝香貓，在香港的行為模式，看來也是一項有趣的探討課題。

〇〇〇

探頭探腦，伸長脖子，引頸以待。
踏着輕快的步伐，巡哨疆土。
走走停停，吃喝拉撒，又是一天。

「人生就是這樣。」

一隻走在灌木叢裡的麝香貓，東張西望，沾沾自喜，肆無忌憚地口出狂言。

麝香貓（*Viverricula idica*）
於香港本島日常活動模式

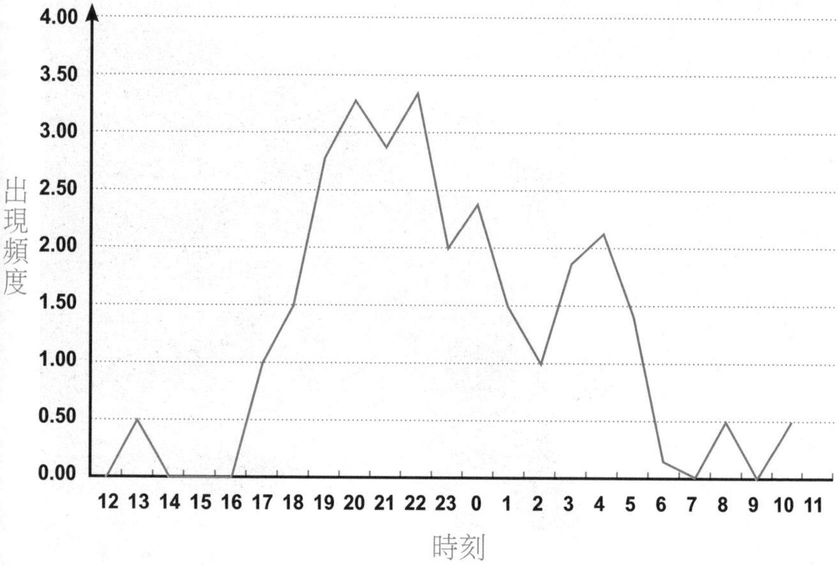

出現頻度 Occurrence Index (OI)

指每一千個相機工作小時內所拍得的動物個體數

$$OI=\frac{\text{所拍得的動物個體數} \times 1000}{\text{該動物出現地區的相機有效工作時數}}$$

鼬香貓(*Viverricula idica*)於新界九龍半島日常活動模式

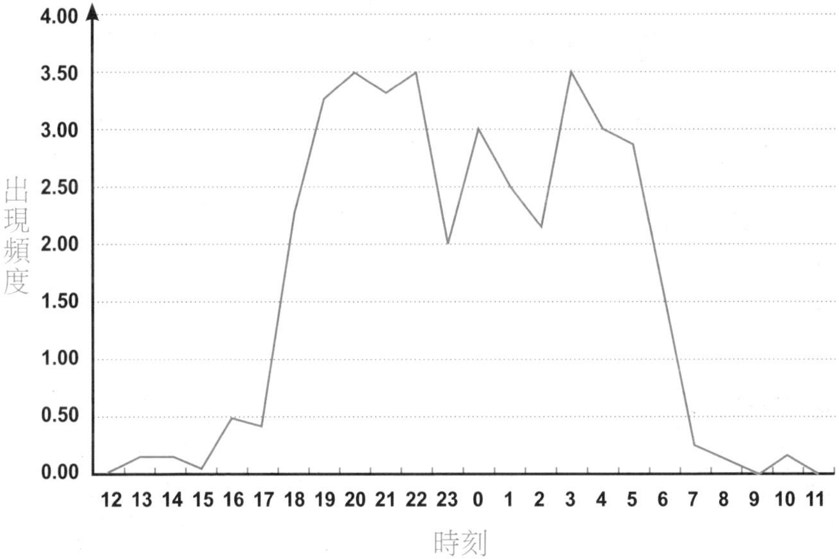

出現頻度 Occurrence Index (OI)

指每一千個相機工作小時內所拍得的動物個體數

$$OI=\frac{\text{所拍得的動物個體數} \times 1000}{\text{該動物出現地區的相機有效工作時數}}$$

新界九龍　時間：02:23　紅外線熱感應自動相機拍攝

新界九龍　時間：02:50　紅外線熱感應自動相機拍攝

新界九龍　時間：22:33　紅外線熱感應自動相機拍攝

新界九龍　時間：20:01　紅外線熱感應自動相機拍攝

香港本島　時間：20:51　紅外線熱感應自動相機拍攝

香港本島　時間：21:54　紅外線熱感應自動相機拍攝

新界九龍　時間：06:43(白晝)　紅外線熱感應自動相機拍攝

香港本島　時間：04:49　紅外線熱感應自動相機拍攝

香港本島　時間：13:32(白晝)　紅外線熱感應自動相機拍攝

新界九龍　時間：13:54(白晝)　紅外線熱感應自動相機拍攝

香港本島　時間：07:32(白晝)　紅外線熱感應自動相機拍攝

新界九龍　時間：13:56(白晝)　紅外線熱感應自動相機拍攝

香港本島　時間：02:32　紅外線熱感應自動相機拍攝

香港本島　時間：01:12　紅外線熱感應自動相機拍攝

新界九龍　時間：03:34　紅外線熱感應自動相機拍攝

香港本島　時間：03:07　紅外線熱感應自動相機拍攝

新界九龍　時間：00:07(母子)　紅外線熱感應自動相機拍攝

新界九龍　時間：21:03　紅外線熱感應自動相機拍攝

新界九龍　時間：21:41(下水)　紅外線熱感應自動相機拍攝

新界九龍　時間：18:37(上岸)　紅外線熱感應自動相機拍攝

新界九龍　時間：20:16　紅外線熱感應自動相機拍攝

香港本島　時間：19:39　紅外線熱感應自動相機拍攝

新界九龍　時間：20:18　紅外線熱感應自動相機拍攝

香港本島　時間：18:43　紅外線熱感應自動相機拍攝

麝香貓
SMALL INDIAN CIVET
Viverricula idica Desmarest

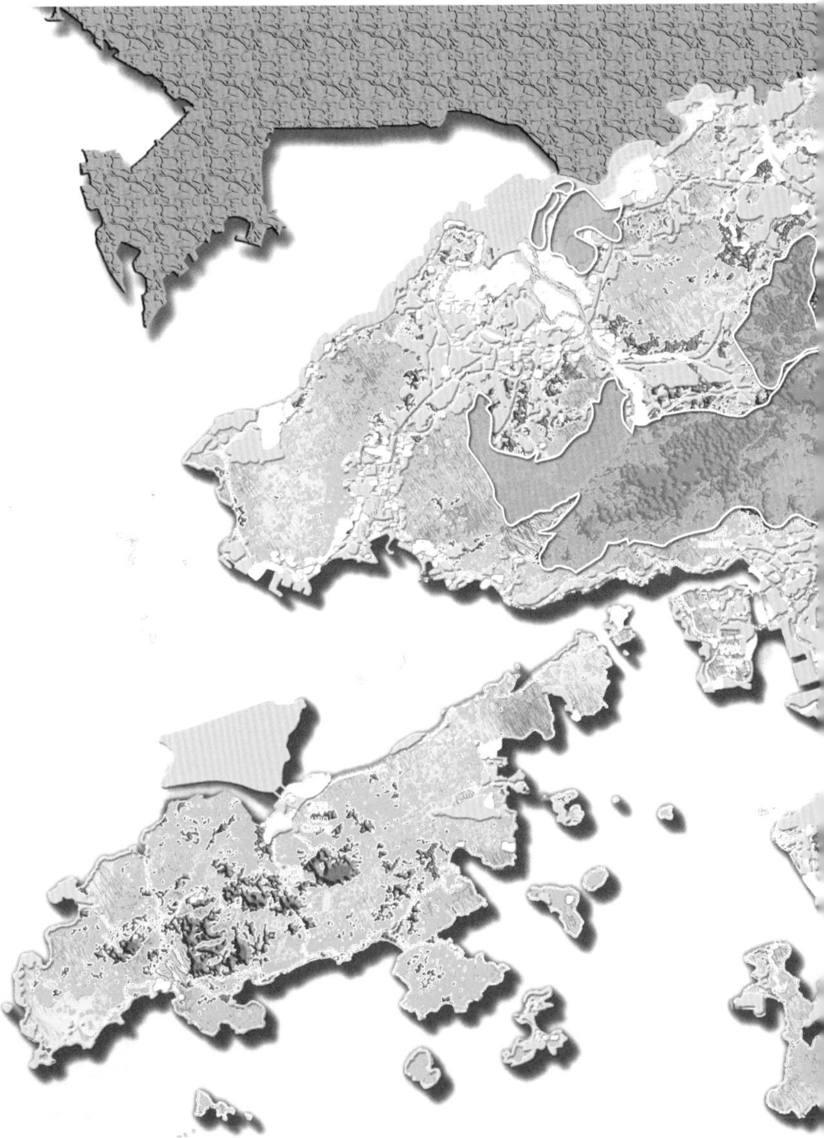

牠就是顯得格格不入

穿山甲

CHINESE PANGOLIN

Manis pentadactyla Linnaeus

體重：2.2－3.7公斤

體長：34－53公分

尾長：24－40公分

懷孕期：3－4.5個月

壽命：13年

○○○

穿山甲，裸露雙眼，包裹身軀，遊走樹林，像是匆匆過街的中東婦人。
穿山甲，披甲戴盔，單槍匹馬，翻山越嶺，像是長征沙場的中古武士。

穿山甲，引來奇異的眼光，置身樹林，就是顯得格格不入。

○○○

穿山甲，有別於貓科動物的豹貓，不同於鹿科動物的赤麂，異樣於靈貓科的果子狸，奇特於獴科的食蟹獴，也滑稽過豪豬科的豪豬。

穿山甲，居然也能夠和豹貓、赤麂、果子狸、食蟹獴、豪豬，相提並論，原來都是屬於哺乳類野生動物。

穿山甲，晝伏夜出，置身樹林，確實是顯得格格不入。

○○○

穿山甲，頭呈圓錐形，吻尖，無齒，有一條長達二十公分、能夠自由伸縮舔食的舌頭。

穿山甲，臉頰、眼耳、胸腹、四肢內側、足掌，均無鱗被毛。

穿山甲，頭額、枕頸、體背、體側、尾部、四肢外側，皆密披覆瓦狀排列的角質鱗片，鱗色青褐，雜有稀疏剛毛。

穿山甲，四肢粗短，前肢略長，足具五趾，趾附利爪，前足中間三趾利爪特長，彷如鐮刀，方便攀爬樹木和刨挖洞穴，行動時前足爪背着地，形如穿橇。

穿山甲，尾部寬扁，運動靈活，可捲鉤枝幹，懸掛枝頭，輔助身體平衡，又可於挖掘洞穴同時，捲鉤地面，支撐身體倒退移動。

穿山甲，動作敏捷，進退自如，鑽洞，爬樹，樣樣精。

○○○

穿山甲，俗稱鯪鯉，陵鯉，龍鯉，石鯪，麒麟，鈷山甲，錢鱗甲，錢鯉甲，川山甲。英文叫做 Chinese Pangolin，據說名稱起源馬來西亞，意指可以蜷縮的動物。

穿山甲，活動於東南亞，分類為鱗甲目/穿山甲科（鯪鯉科）/穿山甲屬物種。目前已知有三個亞種。發現地區包括印度，尼泊爾，緬甸，錫金，泰國，中國江西、安徽、浙江、湖北、湖南、雲南、貴州、廣西、廣東、福建、海南島、香港，臺灣。

穿山甲，曾遭大量捕殺，數量稀少。CITES 將其列入附錄II保護動物。中國列為II級重點保護動物。

○○○

穿山甲行為觀察和研究無從着手，幾乎束手無策。捕風捉影的資料也多來自有限的圈養記錄。國內國外的穿山甲文獻，現在摘錄於後，提供參考：

穿山甲，普遍存活於中南半島以北次生林地，主食白蟻及一般螞蟻。(Allen, 1938)

穿山甲，晝伏夜出，白天睡在深約三至四公尺、底部有大型空間的洞穴裡。(Mammals of Thailand, 1977)

穿山甲，於春季至夏初繁殖，每胎一隻，偶有雙胞。(Mammals of Thailand, 1977)

穿山甲，出世時鱗片薄軟，眼睛緊閉，鱗片於第二天開始逐漸硬化，眼睛睜開卻得等到九至十天之後。(Masui, 1967)

穿山甲，棲於山麓，丘陵，原野叢林等潮濕地帶，尤喜混雜小石的泥地，極少見其出現密集森林地。(中國經濟動物，1964)

穿山甲，地棲，洞深二至四公尺，洞徑二十至三十公分，通道先向下傾斜，而後平行，末端有穴，直徑約兩公尺，洞口以泥土遮蓋，掩人耳目。(中國經濟動物，1964)

穿山甲，主食舉尾蟻和黑棘蟻，亦食一般螞蟻幼蟲，蜜蜂，以及其它昆蟲的幼蟲。（中國經濟動物，1964）

穿山甲，覓食白蟻，會先以利爪將蟻巢挖一穴孔，再以鼻吻插入，並用具有粘性的長舌舔吃白蟻。（中國經濟動物，1964）

穿山甲，幼體常爬伏母體背後，隨母體外出巡遊。（中國經濟動物，1964）

穿山甲，猛獸、猛禽、成群野狗，都是穿山甲的天敵。（中國經濟動物，1964）

穿山甲，生有兩對乳頭，位於胸、腹部，一年可產兩胎，每胎產一仔，繁殖期不定。（中國獸類踪跡，2001）

穿山甲，棲於熱帶，亞熱帶，溫帶，海拔二千五百公尺以下丘陵山地，半山坡地稀樹灌叢區，螞蟻較為豐富的地區出沒。（中國獸類踪跡，2001）

穿山甲，善掘洞，能渡河，會爬樹，夜行，穴居，獨棲，可蜷縮成為球體，藉以禦敵或滾逃。（中國獸類踪跡，2001）

穿山甲，居地隨季節變化而改變，雨季多在山坡上層山埂掘洞棲息，洞穴斜向，避免水流沖刷，冬季喜於向陽山坡下層掘洞棲息，平常會選擇半山灌木草叢穴居。（吳名川，1993）

穿山甲，不適合在人工幼林及中期林地活動，主要棲息於中齡針濶葉混合林和

澗葉林地，多分布在相對高度較低、坡度緩和、土質鬆軟的地域。（中國瀕危動物紅皮書，1988）

穿山甲，常逗留在覓食時所挖掘的洞穴內棲息，居無定所，但逢育幼期則居住固定洞穴。（四川獸類，1999）

穿山甲，棲住濕潤樹林、灌叢、草莽等環境，極少出現乾旱石山禿嶺，除育仔期並無固定住所，會藉覓食時所挖掘的洞穴而居。（廣東野生動物，1970）

穿山甲，分布低海拔以至高海拔二千公尺地區，經常出沒在海拔五百公尺山區。（臺灣哺乳動物，1998）

穿山甲，喜食樹枝結巢的舉尾蟻和枯樹倒木裡的白蟻。（臺灣哺乳動物，1998）

穿山甲，出現香港本島，九龍半島，新界部分地區，屢遭盜獵捕殺，目前族群數量稀少。(Wild Mammals of Hong Kong, 1963)

穿山甲，吃白蟻、螞蟻、黃蜂，利用有粘性的長舌舔食，數量稀少，可見於香港本島和新界部分地區。(Hong Kong Animal, 1982)

○ ○ ○

古代，漢人稱穿山甲為鯪鯉，文獻視鯪鯉如蛇、蜥、蜈蚣，甚至歸於同類，但對其形態描述卻栩栩如生。古人文獻提及穿山甲記載，現在摘錄如下，提供參考：

《爾雅翼》，鯪鯉四足，似鼉而短小，狀如獺，徧身鱗甲，居土穴中，蓋獸之類，非魚之屬也，特其鱗色若鯉，故謂之鯪鯉，又謂之鯪豸，野人又謂之穿山甲，以其尾能穿穴，故也能陸能水，出岸間鱗甲不動如死，令蟻入，蟻滿便閉甲入水開之，蟻皆浮出，因接而食之，故能治蟻瘻。

李時珍曰，其形肖鯉，穴陵而居，故曰鯪鯉，而俗稱為穿山甲，郭璞賦，謂之龍鯉，臨海記云，尾刺如三角菱，故謂石鯪。

蘇頌曰，鯪鯉即今穿山甲也，生湖廣嶺南及金商均房諸州，及深山大谷中皆有之。

陶弘景曰，形似鼉而短小，又似鯉而有四足，黑色。

李時珍曰，鯪鯉狀如鼉而小，背如鯉而濶，首如鼠而無牙，腹無鱗而有毛，長舌，尖喙，尾與身等，尾鱗尖厚有三角，腹內臟腑俱全，而胃獨大，當吐舌誘蟻食之，曾剖其胃約蟻升許也。

〇〇〇

穿山甲，甲、肉、血，均可入藥，早有所聞；鱗片，更成為中藥常用的特定對象。

穿山甲，本草綱目早有記載，鱗可治惡瘡、瘋瘧，通經，利乳。

穿山甲，今日中醫學界亦認為，鱗可通經絡，下乳汁，潰癰瘡，消腫止痛。

穿山甲，其肉可食，更是家喻戶曉的事實。

穿山甲，一九五八年至一九六四年，從婆羅洲砂勝越走私至中國大陸，超過五萬隻。

穿山甲，一九六〇年至一九六九年，在中國大陸捕獲獵殺，超過十六萬隻。

穿山甲，至今未有成功圈養的正式記錄。

穿山甲，從此在任何角落都成為罕見或瀕臨絕跡的物種。

○○○

野生動物保護基金會，於二〇〇〇年九月開始調查香港哺乳類野生動物。由安裝在山頭森林二百部紅外線熱感應自動相機，拍攝到大量珍貴鏡頭，成果豐碩，惟獨穿山甲的拍攝記錄寥寥無幾，令人不勝唏噓。

二〇〇〇年九月至二〇〇二年四月止，拍攝記錄穿山甲資料九筆。計新界九龍半島八筆，大嶼山離島一筆。穿山甲在香港本島，並無發現記錄。

關於野生動物保護基金會記錄穿山甲資料，現在節錄於後，提供參考：

一、香港本島

穿山甲，至今在香港本島沒有任何發現記錄。

二、新界九龍半島

穿山甲，於夜晚開始活動最早時間一筆。20:35。

穿山甲，於黎明結束活動最遲時間未知。

穿山甲，於夜晚活動高峰時刻估計可能在前半夜。21:00 – 22:00 二筆，23:00 – 24:00 二筆。

穿山甲，於東北區域出現資料三筆。

穿山甲，於中西區域出現資料三筆。

穿山甲，於東南區域出現資料二筆。

穿山甲，於西北米埔區域並無發現記錄。

穿山甲，置身風雨出巡覓食記錄二筆。

穿山甲，於新界九龍半島無白晝露臉記錄。

穿山甲，於新界九龍半島成為易危物種。

三、大嶼山離島

穿山甲，於大嶼山離島僅有一筆西區發現記錄。

穿山甲，於大嶼山離島成為瀕危物種。

〇〇〇

穿山甲，裸露雙眼，包裹身軀，慌忙越過步徑，像是急於閃避的痲瘋病患。

穿山甲，披甲戴盔，單槍匹馬，流亡荒蕪山野，像是六神無主的老弱殘兵。

穿山甲，引來詫異的眼光，在樹林裡就是顯得格格不入。

豹貓、赤麂、果子狸、食蟹獴、豪豬，無不認為自己一時眼花，紛紛自語：

「那偶爾瞥見的奇形怪狀，閃閃發亮，應該是並不存在的孤魂野鬼吧。」

穿山甲，低頭沉思，踽踽行，偶爾吁吁嘆息，很感慨：

「唉，我該不會是這片樹林裡面最後一隻穿山甲吧。」

○　○　○

後記

穿山甲行為觀察與研究，至今依然不了了之。

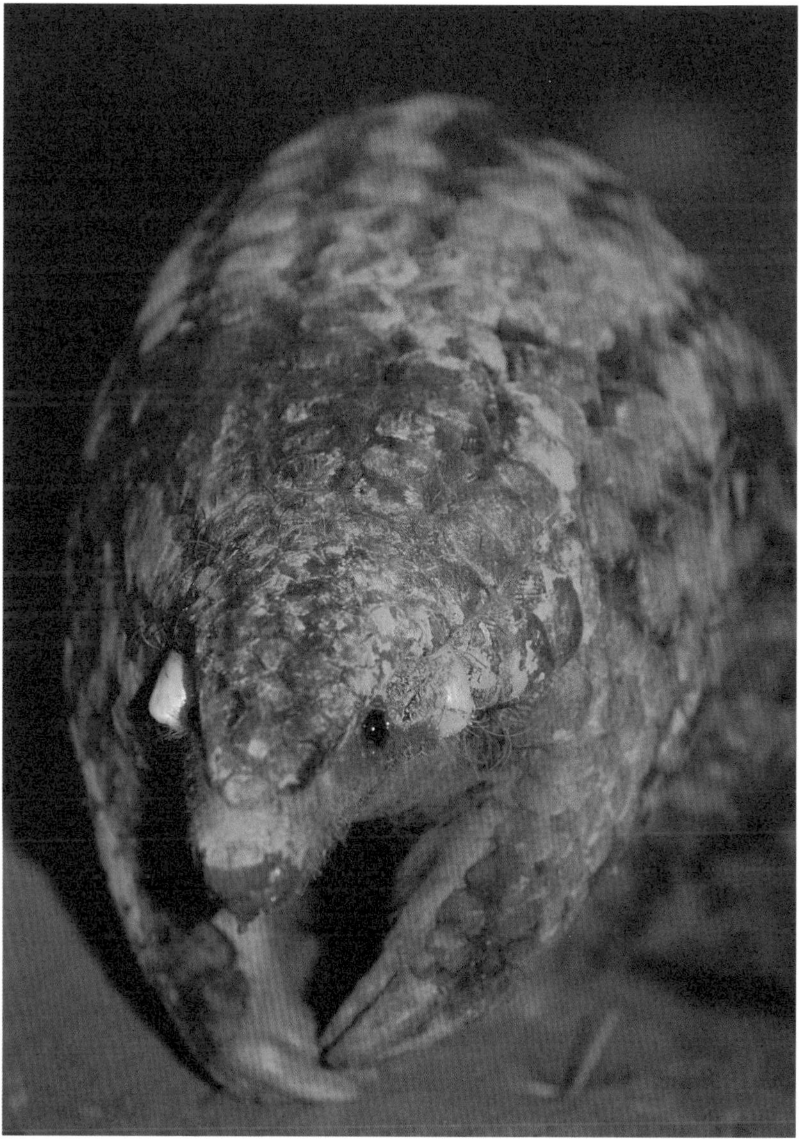

新界九龍　時間：20:35　紅外線熱感應自動相機拍攝

新界九龍　時間：21:48(大雨)　紅外線熱感應自動相機拍攝

穿山甲（*Manis pentadactyla*）於新界九龍半島日常活動模式

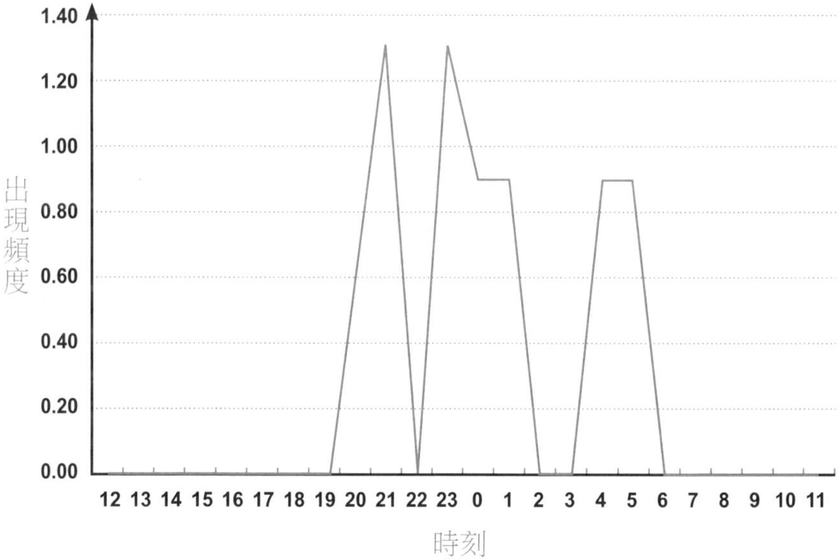

出現頻度 Occurrence Index (OI)

指每一千個相機工作小時內所拍得的動物個體數

$$OI=\frac{\text{所拍得的動物個體數} \times 1000}{\text{該動物出現地區的相機有效工作時數}}$$

新界九龍　時間：23:30　紅外線熱感應自動相機拍攝

新界九龍　時間：21:48(大雨)　紅外線熱感應自動相機拍攝

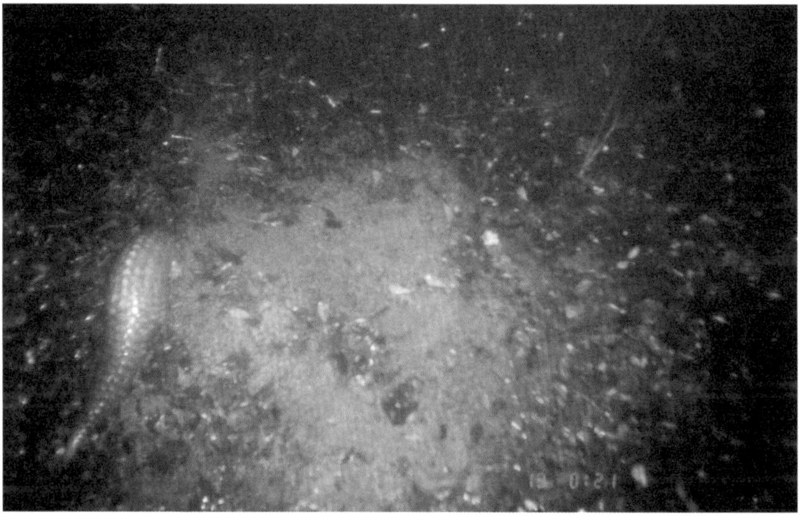

新界九龍　時間：00:21(大雨)　紅外線熱感應自動相機拍攝

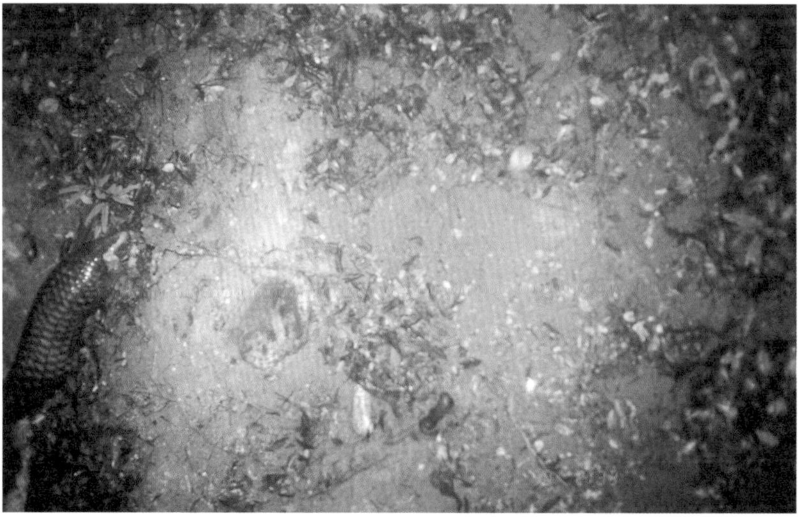

新界九龍　時間：02:33(大雨)　紅外線熱感應自動相機拍攝

新界九龍　時間：21:44　紅外線熱感應自動相機拍攝

新界九龍　時間：20:35　紅外線熱感應自動相機拍攝

新界九龍　時間：20:35　紅外線熱感應自動相機拍攝

大嶼山離島　時間：21:43　紅外線熱感應自動相機拍攝

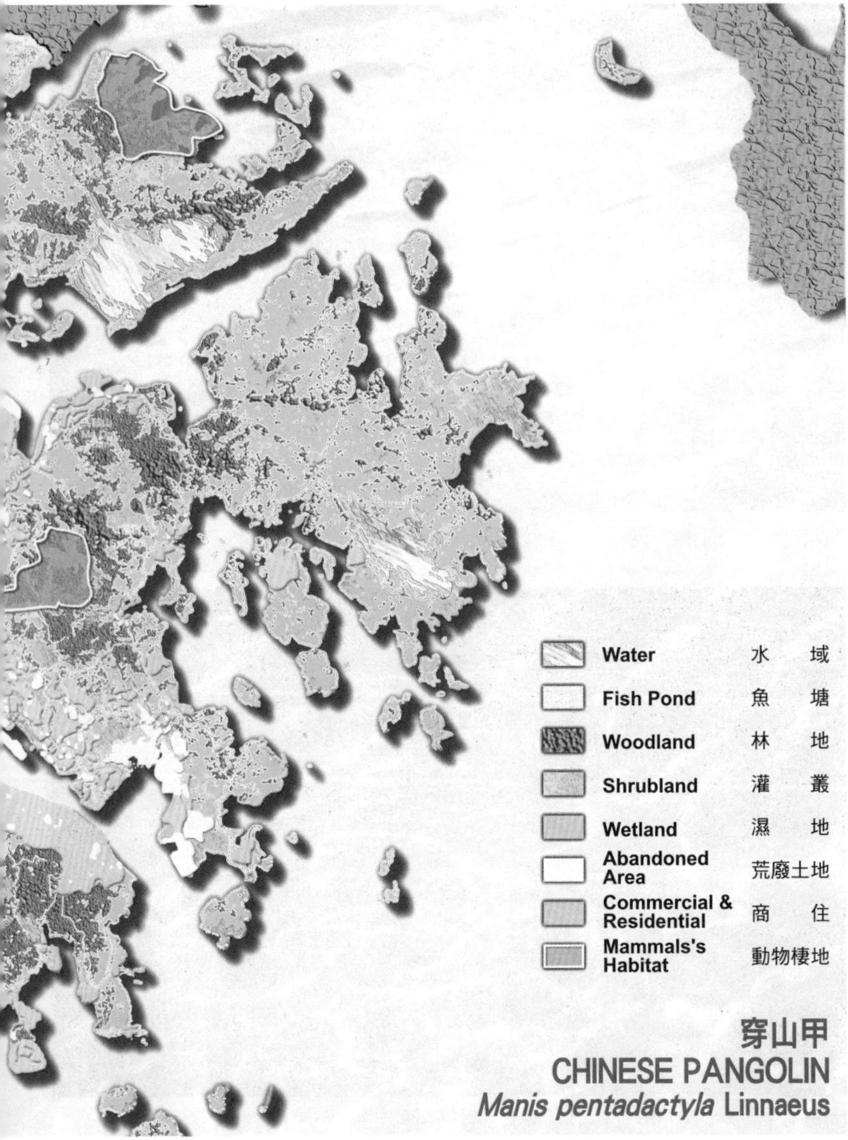

穿山甲
CHINESE PANGOLIN
Manis pentadactyla Linnaeus

摸黑行動 吃香喝辣

豹貓

LEOPARD CAT

Prionailurus bengalensis Kerr

體重：3－5公斤

體長：20－45公分

尾長：40－62公分

懷孕期：2－2.5個月

壽命：12－13年

○ ○ ○

夜闌人靜。萬籟俱寂。

樹林傳出幾聲角鴞無奈的嘀咕聲。

豹貓懶得理會，只顧獨自在散落一地的枝藤之間穿梭遊走，不聲不響，神出鬼沒，踩着肉墊、輕盈趾行，踏在落葉枯枝，卻不發出絲毫聲響，猶如水上行舟。

豹貓，紋風不動。

○○○

雲霧繚繞。漆黑一片。

明亮的眸子，就在稀疏林葉左閃右爍。豹貓，伺機而動，樂在其中，覓食演變成為獵殺遊戲，得以吞食的獵物看來全都無所遁形。

奔撲躍騰。
捉抓扯撕。
蠻悍兇殘。
豹貓無往不利，置身一片又一片樹林裡面，恍如天敵，獨來獨往，偶爾成雙成對，彼此欣慕，同進同出。

○　○　○

豹貓，俗稱石虎，又稱山狸，野貓，山貓，野狸，狸貓，痲狸，銅錢貓。英文叫做 Leopard Cat。

豹貓，分類成食肉目／裂腳亞目／犬貓超科／貓科／貓亞科／小型貓群／亞洲豹貓屬物種。目前已知有四個亞種。分布地域普及中南半島，巴基斯坦，尼泊爾，不丹，錫金，孟加拉，東印度，馬來半島，新加坡，印尼，婆羅洲，菲律賓，俄羅斯黑龍江流域，北朝鮮，中國遼東半島、華東、華中、華南、海南島、香港，臺灣。

豹貓，環肥燕瘦，長相有別。

豹貓，描述繪聲繪影，身形比家貓修長，口鼻顎部明顯短窄，唇緣及口鬚呈白色，耳背飾以淡白斑塊，鼻側各有一條白紋由眼角經耳際對稱通向後腦勺，眼框下飾有暗褐色條紋，四條顯而易見暗褐色條紋同時穿前額經頭頂過肩夾由窄而寬在背部形成鏈狀圖紋，腹側密布暗褐色實心圓點或梅花形圓斑，粗壯的尾巴凝聚暗褐色斑塊或顆粒狀圓點，全身灰黃飾以暗褐斑紋，胸腹和四肢內側乳白。

豹貓，被形容為威風凜凜，虎虎生風，趾高氣揚。

〇〇〇

豹貓，活躍於低海拔至海拔三千公尺不等的原始森林和次生林，悠哉遊哉，其樂融融。

豹貓，六十年代以後，成為外貿出口裘皮重點毛皮，人類撲殺行為在中國大陸蔚然成風。

豹貓，六十年代，中國大陸豹貓毛皮收購量二十五萬張。

豹貓，八十年代，中國大陸豹貓毛皮收購量二十萬張。

豹貓，九十年代初期，中國大陸豹貓毛皮收購量十萬張。

豹貓，未曾間斷的獵殺行為，造成族群數量銳減。

豹貓，一蹶不振。

豹貓，禍不單行，不知何去何從。一意孤行的經濟林和農作物同時間開墾，造成自然棲地嚴重破壞。

豹貓，一波三折，嗚呼哀哉。毒藥滅鼠運動，如火如荼，二次中毒令死亡率倍增。

現在，豹貓終於被中國瀕危動物紅皮書點名，列為易危哺乳類野生動物。

現在，國家瀕危物種科學委員會建議，將豹貓列入二級國家重點保護野生動物名單，納進法制規範。

豹貓，在中國大陸不再威風凜凜。
豹貓，在中國大陸不分晝夜東躲西藏。
豹貓，一九八五年之後，中國大陸就再也沒有任何關於豹貓分布情況和族群現狀科學報導。
豹貓，行為研究，幾近於零。
豹貓，在臺灣也不是生活的安樂窩。
豹貓，在臺灣族群於北中南部零星分布，出現率低。
豹貓，在臺灣成為不擇手段毒藥滅鼠的間接受害者。
豹貓，在臺灣瀕臨絕種。

○
○
○

豹貓的行為研究，支離破碎。豹貓的追踪報告，寥寥無幾。豹貓的習性形態，所知不多。

國內國外的豹貓文獻，現在摘錄於後，提供參考：

豹貓，極易適應被捕捉之後的囚籠生活。(Grzimek's Encyclopedia of Mammals, 1976)

豹貓，懷孕期大致兩個月，每次產仔二至四隻。(Grzimek's Encyclopedia of Mammals, 1976)

豹貓，在洞穴鋪草產仔。(臺灣哺乳動物，1998)

豹貓，未成年存活機率是三分之一。(Grzimek's Encyclopedia of Mammals, 1976)

豹貓，於出生之後一年六個月步入成熟期。(Mammals of Thailand, 1977)

豹貓，具攀爬技能，常在樹林枝幹上面，等待路過獵物。(Mammals of Thailand, 1977)

豹貓，遇到危急，即奔向原野，卻不刻意爬樹。(Grzimek's Encyclopedia of

Mammals, 1976)

豹貓，偶爾進入村莊，偷盜家禽。（四川獸類，1999）

豹貓，泅水高手。(Mammals of Thailand, 1977)

豹貓，吃食鼠類，松鼠，飛鼠，兔類，蛙類，魚類，蜥蜴，鳥類，昆蟲，漿果，無花果，嫩葉，根莖。（中國瀕危動物紅皮書，1998）

豹貓，會吞食不經意跌落的蝙蝠。(Mammals of Thailand, 1977)

豹貓，吃蛇。(Mammals of Thailand, 1977)

豹貓，甚至以小鹿為食。(Hong Kong Animal, 1982)

豹貓，夜行性動物，活動高峰出現在午夜前。（四川獸類，1999）

豹貓，長時期用同一棵樹磨爪。（臺灣哺乳動物，1998）

豹貓，無線電追踪顯示，活動範圍在一點五至七點五平方公里，核心區域在〇點七至二平方公里之間。(Rabinowitz, 1990)

豹貓，近水棲息，善游泳，好攀爬，會埋糞，主食鼠、鳥、蛙、蛇、魚、兔、多種昆蟲，兼食野果、蝙蝠、家禽，攻擊老弱麂類動物。（中國獸類踪跡，2001）

豹貓，自從一九八五年，再也沒有中國有關豹貓族群現狀科學報告。(Yu,1995)

豹貓，僅僅出現香港新界粉嶺附近，在香港本島已無發現，可能絕跡。(Wild

Mammals of Hong Kong)

○○○

豹貓，《博物彙編禽蟲典》隻字未提。

豹貓，於中國古代文獻欠缺記載。

○○○

「Leopard Car。」

香港，曾經只是香港大學教授李察博士 Dr. Richard Corlett、嘉道理農場總監加里博士 Dr. Gary Ades，才有機會朗朗上口的名字。

豹貓，在香港形如魑魅魍魎。

豹貓，夜半在路面被疾駛的汽車撞死，才有機會看得見。

豹貓，夜半在車頭燈前橫衝直闖，閃過路面，也只能驚鴻一瞥。

加里說，豹貓在新界區域被撞死的數量應該還不少。

李察說，開車往香港本島石澳的路面，曾經看見過豹貓。

豹貓，在香港族群數量多寡和分布範圍，始終成謎。

○○○

野生動物保護基金會，於二〇〇〇年九月開始調查香港哺乳類野生動物。由安裝在山頭森林二百部紅外線熱感應自動相機，拍攝到大量珍貴鏡頭。豹貓很快就顯現踪影，拍照記錄的第一隻豹貓就是在香港本島石澳山澗被發現。豹貓的身影越來越多。豹貓記錄的地點越來越廣。豹貓被証實確實普遍活動於新界九龍和香港本島。豹貓惟獨缺席大嶼山。

二〇〇〇年九月至二〇〇二年四月，紅外線熱感應自動相機記錄豹貓資料一百五十七筆。計香港本島二十三筆，新界九龍半島一百三十四筆。豹貓於大嶼山離島，並無發現記錄。

關於野生動物保護基金會記錄豹貓資料，現在節錄於後，提供參考：

一、香港本島

豹貓，於夜晚開始活動最早時間二筆。18:24, 19:48。

豹貓，於黎明結束活動最遲時間三筆。04:24, 04:29, 04:32。

豹貓，於夜晚活動高峰時刻三段。21:00 – 22:00 二筆，01:00 – 02:00 二筆，03:00 – 05:00 十一筆。

豹貓，置身風雨出巡覓食記錄二筆。

豹貓，白晝露臉資料二筆。08:09, 09:30。

豹貓，於香港本島成為易危物種。

二、新界九龍半島

豹貓，於東北區域夜晚開始活動最早時間三筆。18:45, 20:04, 20:15。

豹貓，於東北區域黎明結束活動最遲時間二筆。04:47, 05:58。

豹貓，於東北區域夜晚活動高峰時刻三段。22:00 – 23:00 四筆，01:00 – 02:00 三筆，04:00 – 05:00 二筆。

豹貓，於東北區域置身風雨出巡覓食記錄三筆。

豹貓，於東北區域食蛇記錄一筆。

豹貓，於東北區域白晝露臉資料三筆。06:03, 06:33, 08:23。

豹貓，於東北區域成為瀕危物種。

豹貓，於中西區域夜晚開始活動最早時間二筆。18:38, 19:06。

豹貓，於中西區域黎明結束活動最遲時間二筆。05:23, 05:39。

豹貓，於中西區域夜晚活動高峰時刻二段。23:00 – 24:00 六筆，03:00 – 05:00 十筆。

豹貓，於中西區域置身風雨出巡覓食記錄五筆。

豹貓，於中西區域兩隻同行記錄一筆。

豹貓，於中西區域白變種記錄一筆。

豹貓，於中西區域白晝露臉資料八筆。06:11, 06:19, 06:39, 07:27, 07:31, 12:31, 12:46, 15:33。

豹貓，於東南區域夜晚開始活動最早時間四筆。18:15, 18:48, 19:18, 19:28。

豹貓，於東南區域黎明結束活動最遲時間三筆。04:23, 05:30, 05:40。

豹貓，於東南區域夜晚活動高峰時刻二段。23:00 – 01:00 十二筆，02:00 – 03:00 六筆。

豹貓，於東南區域置身風雨出巡覓食記錄十一筆。

豹貓，於東南區域兩隻成體同行記錄一筆。

豹貓，於東南區域母子三隻同行記錄一筆。

豹貓，於東南區域白晝露臉資料十筆。06:39, 06:55, 07:04, 07:51, 11:37, 15:00, 15:34, 15:48, 15:51, 16:43。

豹貓，於西北米埔區域夜晚開始活動最早時間四筆。19:31, 19:51, 19:54, 19:58。

豹貓，於西北米埔區域黎明結束活動最遲時間三筆。05:24, 05:54, 05:56。

豹貓，於西北米埔區域夜晚活動高峰時刻三段。19:00 – 21:00 七筆，22:00 – 02:00 十筆，04:00 – 06:00 五筆。

豹貓，於西北米埔區域置身風雨出巡覓食記錄四筆。

豹貓，於西北米埔區域白晝露臉資料一筆。07:26。

三、大嶼山離島

豹貓，至今在大嶼山離島沒有任何發現記錄。

○○○

香港原始森林，百年之前已砍伐殆盡，野生動物被迫流離失所，四散逃匿。

香港栽種次生林，始於六十年代，野生動物從此安戶設籍，並且迅速擴散。

豹貓，伺機而動，至今廣泛分布新界九龍半島和香港本島，值得慶幸。

豹貓，來龍去脈，卻不得而知。

紅外線熱感應自動相機收集豐富資料——

豹貓，特徵鮮明，身強力壯。

豹貓，和家貓並沒有杞人憂天焦慮不安的雜交症候。

豹貓，族群顯然能長久維持可觀數量。

豹貓，顯然摸黑吃香喝辣，世代相傳。

豹貓，極難由拍攝記錄分辨雌雄，但從相貌可概略估計成年與否。

豹貓，由相片能輕易觀察豹貓毛皮斑紋不一，從而作出個體判斷。

豹貓，在香港看來無奇不有，目不暇接。

豹貓，在香港有身着斑點者。

豹貓，在香港有身附梅花紋飾者。

豹貓，在香港有身披水彩潑墨圖案者。

豹貓，在香港耳背斑塊形狀各異，大小不一。

豹貓，在香港頭大頭小，臉型身形肥瘦有別。

豹貓，在香港身分不明，行色匆匆，神秘兮兮，撲朔迷離。

豹貓，在香港引人遐思，打滿問號。

○○○

豹貓，在香港是新亞種？還是老亞種？

豹貓，在香港活動範圍究竟有多大？是否經常翻山越嶺，橫跨不同郊野公園，來去自如？

豹貓，在香港面對越來越多進駐山頭的野狗和家貓，會否造成棲地萎縮？食性改變？習性出現變異？

豹貓，在香港為何惟獨缺席大嶼山？是否受到早期耕地噴洒農藥影響？還是受到曾經施放毒藥滅鼠影響？或者根本就懶得想辦法游泳過峽到此一遊？

持續紅外線熱感應自動相機調查。

進行操作無線電追踪其活動範圍。

即時鑑定ＤＮＡ比對做分類研究。

豹貓，在香港答案揭曉即指日可待。

豹貓，在香港身分特殊，一身都是謎。

豹貓 (*Prionailurus bengalensis*)
於香港本島日常活動模式

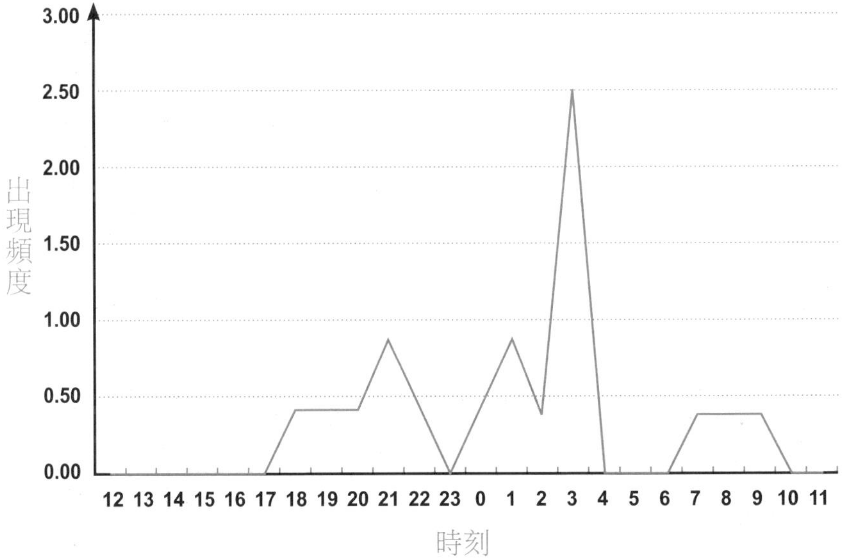

出現頻度 Occurrence Index (OI)

指每一千個相機工作小時內所拍得的動物個體數

$$OI = \frac{\text{所拍得的動物個體數} \times 1000}{\text{該動物出現地區的相機有效工作時數}}$$

香港本島　時間：08:10(白晝)　紅外線熱感應自動相機拍攝

新界九龍　時間：04:31　紅外線熱感應自動相機拍攝

豹貓 (*Prionailurus bengalensis*)
於新界九龍半島日常活動模式

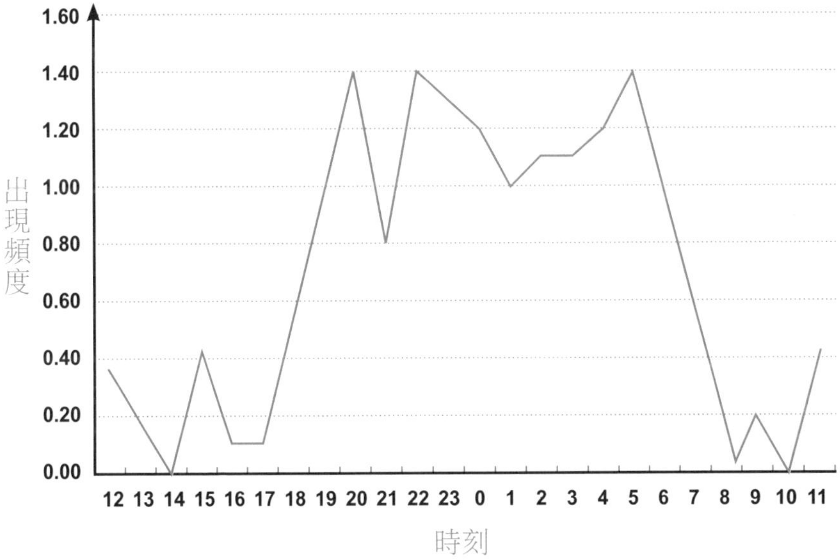

出現頻度 Occurrence Index (OI)

指每一千個相機工作小時內所拍得的動物個體數

$$OI = \frac{\text{所拍得的動物個體數} \times 1000}{\text{該動物出現地區的相機有效工作時數}}$$

新界九龍　時間：05:55　紅外線熱感應自動相機拍攝

新界九龍　時間：04:31　紅外線熱感應自動相機拍攝

新界九龍　時間：00:04　紅外線熱感應自動相機拍攝

香港本島　時間：19:54　紅外線熱感應自動相機拍攝

新界九龍　時間：11:38(母子三隻、白晝)　紅外線熱感應自動相機拍攝

新界九龍　時間：22:11　紅外線熱感應自動相機拍攝

新界九龍　時間：11:38(母子三隻、白晝)　紅外線熱感應自動相機拍攝

新界九龍　時間：18:48(母子)　紅外線熱感應自動相機拍攝

香港本島　時間：03:41　紅外線熱感應自動相機拍攝

香港本島　時間：00:35　紅外線熱感應自動相機拍攝

香港本島　時間：04:32　紅外線熱感應自動相機拍攝

新界九龍　時間：05:25　紅外線熱感應自動相機拍攝

新界九龍　時間：22:08　紅外線熱感應自動相機拍攝

香港本島　時間：03:38　紅外線熱感應自動相機拍攝

新界九龍　時間：06:03(黎明)　紅外線熱感應自動相機拍攝

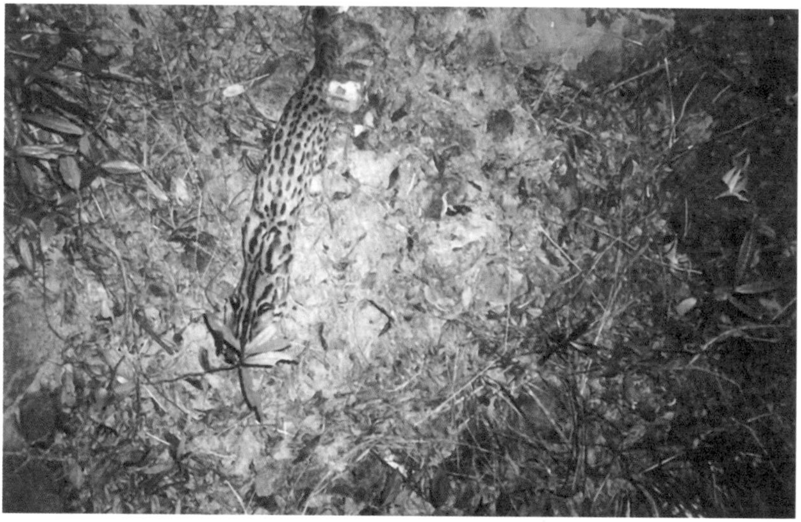

香港本島　時間：08:09(白晝)　紅外線熱感應自動相機拍攝

新界九龍　時間：20:57　紅外線熱感應自動相機拍攝

香港本島　時間：07:28(白晝)　紅外線熱感應自動相機拍攝

新界九龍　時間：05:24　紅外線熱感應自動相機拍攝

香港本島　時間：19:18　紅外線熱感應自動相機拍攝

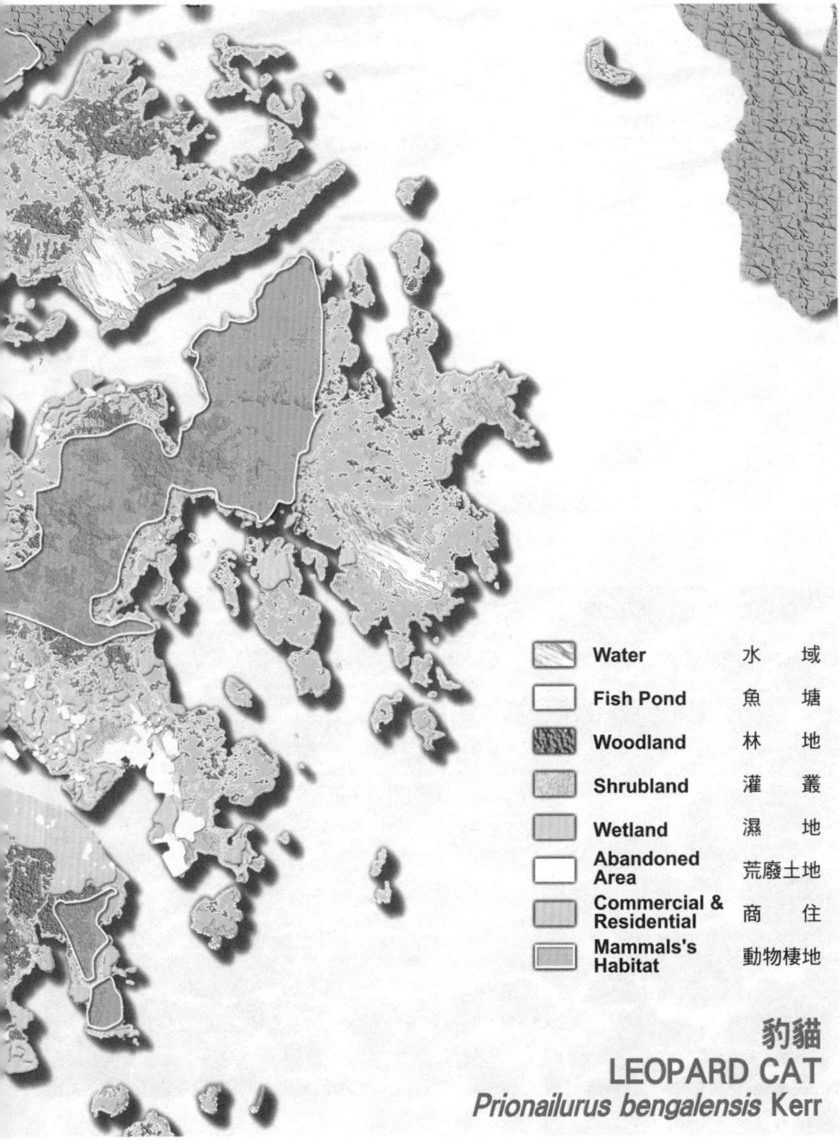

豹貓

LEOPARD CAT

Prionailurus bengalensis Kerr

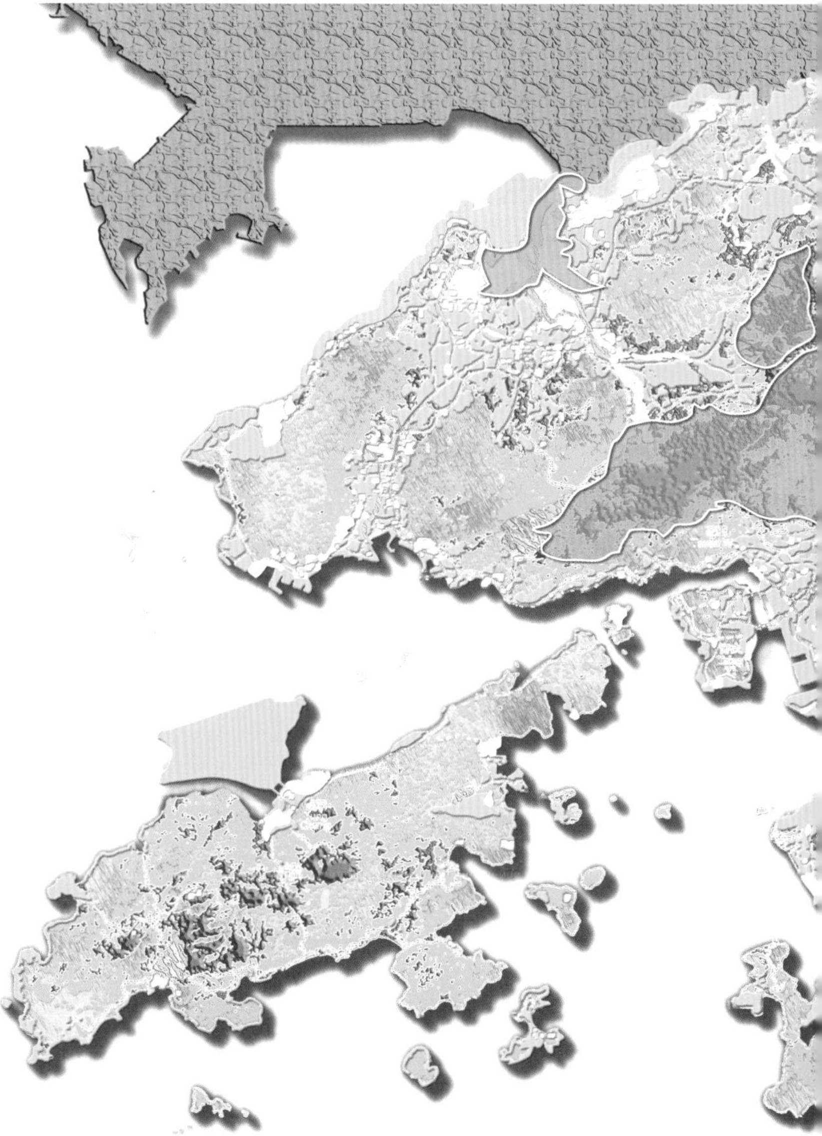

鼻頭沾滿稀泥巴醬

野豬

WILD BOAR

Sus scrofa Linnaeus

體重：35－200公斤

體長：100－200公分

尾長：14－25公分

懷孕期：4－4.5個月

壽命：21年

○○○

雨霏霏，霧濛濛。

水滴在樹林坡地，滙流成溪，聚集為澤。泥地變成爛地，散發一陣陣霉味。

野豬，在樹林搖起尾巴，圍繞着那棵斜立垂死的枯樹，沒頭沒腦，使勁挖掘，噘長的鼻頭沾滿稀泥巴醬，興高采烈，嚼、咬、咀、啖着蕈、菌、蛆、蟲，無視攤在眼前赤裸裸的根莖。

枯樹，搖搖欲墜，斷裂的枝幹和樹皮散落一地。

這可是一場災難哪。

泥巴全都被翻起來。

野豬，吃撐了肚皮，擡頭環顧，搖頭晃腦，終於心滿意足走了。

「嘩喇！」

枯樹倒了，經不起考驗，就死在爛泥堆裡。

雨，小心翼翼，沖刷倒樹，像是在為樹洗滌方才那令人難堪的羞辱。

水，就在樹林坡地，滙流成溪，聚集為澤。

「什麼時候才能長成一棵大樹啊。」

一棵棵不知名的小樹，急忙搶占空出來的席位，爭先恐後，搖着屁股，就在倒下的枯樹旁邊，狠狠扭着腰肢，用力擠着枝芽，拚命向上提升。

小樹，無不瞅着稀泥巴醬，想起那些死命挖掘老樹根莖的野豬。

「唉，可真是一場惡夢呀！」

躲進灌叢休息的野豬，聽見小樹的嘟囔，哼哼哈哈，不僅啞然失笑。

○○○

野豬，顱枕突起，面頰斜直，鼻骨狹長。鼻端的鼻鏡長有具備翻挖土石能力的軟骨墊。上下犬齒向上彎曲，經常掀起嘴唇，朝外伸出，形成攻擊性武器。

野豬，耳小、體長，肩高、尾短，背鬣粗卷，四肢發達，性喜四處奔走。

○○○

野豬俗名山豬。英文叫做 Wild Boar，又叫做 Wild Pig。分類為偶蹄目/非反芻亞目/野豬科/野豬屬物種。目前已知有六個亞種。踪跡遍及歐洲，北非，亞洲，包括中國東北、西北、中部、內蒙、新疆、西藏、雲南、貴州、廣西、廣東、海南島、香港，臺灣。

野豬，在香港活動香港本島、新界九龍、大嶼山離島。

野豬，在香港體型不等，大小不一。

野豬，在香港毛色不同，褐黑不均。

野豬，在香港毛多而長，濃密粗糙，有顏色金黃且頸背至臀部長着一道黑鬣者；有全身灰黑且嘴角向頸部延伸兩道白毛者；有可能與家豬雜交而相貌酷似家豬者。

野豬在香港，成群出沒，你呼我應，招搖過市，日夜活動。

○○○

野豬，肉質尚佳，皮可製革，毛可製刷，骨能研磨骨粉可做肥料，臺灣民間早有養殖業存在。野豬，漫山遍野，故成為常見物種。國內國外的野豬文獻，現在摘錄於後，提供參考：

野豬，群居，群落大小變化視環境及季節而定。(Mammals of Thailand, 1977)

野豬，以二十隻至一百隻數量作集體行動。(Mammals of Thailand, 1977)

野豬，群體以母豬及未成年豬組合，成年公豬喜好單獨活動。(Mammals of Thailand, 1977)

野豬，行動與覓食十分聒噪，遇到干擾則迅速鑽竄灌叢，鴉雀無聲。(Mammals of Thailand, 1977)

野豬，驍勇善戰，有獵殺來犯老虎和花豹的記錄。(Mammals of Thailand, 1977)

野豬，雜食，捉食無脊椎動物、蛇類、鼠類、蛙類，啃吃腐肉，掘食蕈類、黴菌、球莖、塊莖，也吃果實、菠蘿、稻米、玉蜀黍等經濟作物，亦食嫩草。(Mammals of Thailand, 1977)

野豬，生活潮濕森林，樂於泥漿打滾，乾旱則多出現河床附近。(Mammals of Thailand, 1977)

野豬，有捕食魚類、節足類、紅樹林軟體動物的記錄。(Diong, 1973)

野豬，用犬齒咬剝椰殼，繼而以門牙固定椰子，敲擊樹幹，令椰子破裂，吃椰仁。(Diong, 1973)

野豬，繁殖期出現在雨季之前，或雨季剛開始之後。(U Tun Yin, 1967)

野豬，屬山地森林棲息物種，廣棲常綠濶葉林和針濶混合林裡的灌叢及山溪草叢。(中國獸類踪跡，2001)

野豬，性情凶猛，善奔跑、泅水，晨昏及夜間覓食，吃昆蟲、螃蟹。(中國獸類踪跡，2001)

野豬，棲息山地裡的灌木叢或高草叢，多夜間活動，白晝偶然出現。(四川獸類，1999)

野豬，雜食，以嫩枝、果實、草根、塊根、野菜、動物屍體為食。(四川獸類，

1999)

野豬，秋季發情，次年四至五月產仔。每胎五至六仔，最多可產九仔。（四川獸類，1999)

野豬，聽覺、嗅覺敏銳，奔跑迅速，受傷後非常凶猛，公豬犬齒形如獠牙。（廣東野生動物，1970)

野豬，被毛粗硬，毛色變異較大，多為棕黑或褐棕顏色，幼豬體背飾條紋。（廣東野生動物，1970)

野豬，懷孕期一百一十天，幼仔四個月斷奶，六至八個月可懷孕繁殖。（Wild Mammals of Malaya, 1978)

野豬，分布臺灣全島，海拔三千公尺以下未經開發的山地均有踪跡。（臺灣哺乳動物，1998)

野豬，利用樹幹磨蹭身體，搔癢或清除泥浴過後沾黏一身的泥巴。（臺灣哺乳動物，1998)

野豬，雜食性動物，吃植物鱗莖、球莖、塊根、嫩芽、穀類、蕨類、漿果、核果、蕈、筍、昆蟲、蚯蚓、蝸牛、螺類、蛇類、蛙類、蟹類、小型嚙齒類動物、死屍。（臺灣哺乳動物，1998)

野豬，棲無定所，過遊蕩生活，僅在繁殖或嚴寒期間築巢，巢以雜草和細枝構成。(中國經濟動物，1964)

野豬，於雲南西雙版納，巢穴可見呈金字塔狀，擁有前後洞口，相當堅固。(中國經濟動物，1964)

野豬，於雨季在密草底下避雨，上蓋以樹枝強化遮蔽。(中國經濟動物，1964)

野豬，除俗稱孤豬的大公豬喜獨自行動，均以數隻至數十隻不等成群活動。(中國經濟動物，1964)

野豬，交配期，公豬之間會有爭雌現象，常以尖銳犬齒互毆，展開激烈打鬥，往往造成重傷。(中國經濟動物，1964)

野豬，十月間交配，次年四至五月產仔，仔豬五至六天即可隨母豬外出活動，幼豬身上花紋於六個月之後自動消失。(中國經濟動物，1964)

野豬，善泅水，泅水時頭部露出水面。(中國經濟動物，1964)

野豬，偶有一次產仔達十五隻的記錄。(Sowerby, 1914)

野豬，於香港以五至七隻成群活動。(Wild Mammals of Hong Kong, 1967)

野豬，吃蔬菜，根莖，樹葉，小型動物，昆蟲，腐肉。(Wild Mammals of Hong Kong, 1967)

野豬，於香港十五年前族群旺盛，現在寥寥可數，可能只殘餘一至兩個族群，一個在大嶼山，一個在深圳河邊界，每個族群最多只有五隻。(Wild Mammals of Hong Kong, 1967)

野豬，於香港曾經因狩獵者眾而急劇減少，目前新界族群似乎在適當地增加，香港本島則少發現。(Hong Kong Animal, 1982)

○　○　○

野豬具經濟價值乃近代理論。中國古代文獻僅做輕描淡寫。野豬即使在藥材配方也沒有什麼特別貢獻。吃野豬不能強精固腎，食野豬也不會壯陽補身，養家豬的風氣在古代早已盛行，自給自足，比比皆是。野豬所以能夠自由自在地我行我素。古人文獻提及野豬記載，現在摘錄如下，提供參考：

《本草綱目》寇宗奭曰，野豬陝洛間甚多，形如家豬，但腹小腳長，毛色褐，作群行，獵人惟敢射最後者。若射中前者則散走傷人，其肉赤色如馬肉，食之勝家豬，牝者肉更美。

《本草綱目》李時珍曰，野豬處處深山中有之，惟關西者時或有黃，其形似豬，而大牙出口處如象牙，其肉有至二三百斤者，能與虎鬥，或云能掠松脂曳沙泥塗身以禦矢也，最害田稼，亦啖蛇虺。

《搜神記》，周哀王九年，晉有豕生人。

《晉書五行志》，元帝建武元年，有豕生八足，此聽不聰之罰又所任邪也，是後有劉隗之變。

成帝咸和六年六月，錢唐人家豭豕產兩子皆人面，其身猶豕，京房易妖曰，豕生人頭豕身者危且亂，今此豭豕而產異之甚者也。

孝武帝太元十年四月，京都有豚一頭二脊八足，十三年京都人家豕產子一頭二身八足，並與建武同妖也，是後宰相沉酗，不恤朝政，近習用事漸亂國綱，至於大壞也。

《魏書靈徵志》，高祖延興元年九月，有司奏，豫州刺史臨淮公王讓表，有豬生子一頭二身八足。

正始四年八月，京師豬生子一頭四耳兩身八足。

延昌四年七月，徐州上言，陽平戍豬生子，頭面似人，頂有肉髻，體無毛，靈太后幼主傾覆之徵也。

《五行志》，貞觀十七年六月，司農寺，豕生子一首八足，自頸分為二。

《唐書五行志》，貞元四年二月，京師民家有豕生子，兩首四足，首多者上不一也。

元和八年四月，長安西市有豕生子，三耳八足，自尾分為二，足多者下不一也。

廣明元年，絳州稷山縣民家，豕生如人狀，無眉目耳髮。

《宋史五行志》，乾道六年，南雄州民家，豕生人，豚首，各具他獸形，有類人者。

慶元初，樂平縣民家，豕生豚，與南雄同，而更具他獸蹄。

慶元三年四月，餘千縣民家，豕生八豚，其二為鹿。

《輟耕錄》，至正辛卯，春江陰汞寧鄉陸氏家，一豬產十四豬兒內，一兒人之首面手足而豬身。

《山西通志》，嘉靖二十八年二郎坡民家，豬產子二頭八足，少頃而死，是年五六月，境內豬死殆盡。

《青浦縣志》，萬曆十五年正月，水冰是歲，七寶鎮民家，產一豕八足。

慶元三年四月，古田縣，豕食嬰兒。

《魏書靈徵志》，世宗景明四年九月，梁州上言，犬豕交。

《五行志》，景帝三年二月邯鄲，狗與彘交，悖亂之氣近，犬豕之禍也。

○○○

野豬，在香港族群數量與行為模式鮮為人知，只知道野豬一旦闖進農田菜圃範圍，居民必報警圍剿，與以槍殺。

野豬，在香港與生俱來的生存權，早已經人漠視。

野豬，在香港向來就被新界原住民視為害獸，欲消滅之。

野豬，在香港對於次生林成長過程所做的貢獻，無人感激。

野豬，在香港自然環境對於物種平衡作用所付出的力量，無人領悟。

野豬，在香港只好又偷偷摸摸，鬼鬼祟祟，戰戰兢兢，忍辱偷生。

○○○

野生動物保護基金會，於二〇〇〇年九月開始調查香港哺乳類野生動物。由安裝在山頭森林二百部紅外線熱感應自動相機，拍攝到大量珍貴鏡頭，且將野豬分布整理出較為正面的基礎資料，初步分析認為野豬在香港本島和大嶼山族群數量微乎其微，危在旦夕，瀕臨絕種，令人憂心忡忡。

二〇〇〇年九月至二〇〇二年四月，紅外線熱感應自動相機記錄野豬資料二百五十九筆。計香港本島三筆，新界九龍半島二百五十筆，大嶼山離島六筆。

關於野生動物保護基金會記錄野豬資料，現在節錄於後，提供參考：

一、香港本島

野豬，於白晝活動情況不詳。

野豬，於夜晚活動情況不詳。

野豬，於香港本島成為瀕危物種。

二、新界九龍半島

野豬，於東北區域白晝開始活動最早時間四筆。06:00, 06:12, 06:20, 06:21。

野豬，於東北區域黃昏暫時結束活動最遲時間二筆。17:23, 17:25。

野豬，於東北區域入夜繼續開始活動最早時間三筆。18:18, 18:19, 18:38。

野豬，於東北區域夜半結束活動最遲時間三筆。04:16, 04:49, 05:41。

野豬，於東北區域全日活動高峰時刻三段。06:00 – 09:00 十八筆，12:00 – 15:00 十九筆，18:00 – 19:00 六筆。

野豬，於東北區域置身風雨出巡覓食記錄十二筆。

野豬，於東北區域三隻成體同行記錄一筆。

野豬，於東北區域六隻成體同行記錄一筆。

野豬，於東北區域母子同行記錄六筆。

野豬，於中西區域白晝開始活動最早時間四筆。06:02, 06:07, 06:10, 06:28。

野豬，於中西區域黃昏暫時結束活動最遲時間三筆。17:35, 17:47, 17:48。

野豬，於中西區域入夜繼續開始活動最早時間三筆。18:17, 18:45, 18:47。

野豬，於中西區域夜半結束活動最遲時間三筆。05:37, 05:39, 05:43。

野豬，於中西區域全日活動高峰時刻三段。06:00 – 07:00 九筆，08:00 – 10:00 二十三筆，15:00 – 18:00 三十筆。

野豬，於中西區域置身風雨出巡覓食記錄十三筆。

野豬，於中西區域母子同行記錄五筆。

野豬，於中西區域迷途小豬單獨行動記錄十六筆。

野豬，於中西區域與野牛同進同出記錄一筆。

野豬，於東南區域白晝開始活動最早時間三筆。06:34, 07:04, 07:09。

野豬，於東南區域黃昏暫時結束活動最遲時間二筆。17:33, 17:43。

野豬，於東南區域入夜繼續開始活動最早時間三筆。18:12, 18:13, 18:32。

野豬，於東南區域夜半結束活動最遲時間二筆。04:36, 05:23。

野豬，於東南區域全日活動高峰時刻二段。08:00 – 11:00 十六筆，13:00 – 15:00 十筆。

野豬，於東南區域置身風雨出巡覓食記錄十筆。

野豬，於東南區域兩隻成體同行記錄一筆。

野豬，於東南區域母子同行記錄四筆。

野豬，於西北米埔區域並無發現記錄。

三、大嶼山離島

野豬，於東西區均有發現記錄。

野豬，於東西區白晝活動情況不詳。

野豬，於東西區夜晚活動情況不詳。

野豬，於大嶼山離島成為瀕危物種。

○○○

雨霏霏，霧濛濛。

母豬在樹林裡遊蕩，施施然。

今年有了變化，天變得乾旱，少了梅雨。草不夠嫩，葉不夠油，應該出現的小動物沒有現身，不應該看見的動物反而頻頻拋頭露面。母豬不明就裡，偶爾低頭提醒自己，還得要聚精會神數數身邊初見世面的一群小豬。

「一、二、三、四、五、六。」

母豬面露喜悅之色，這可是野豬繁殖近年創下的新記錄。

「咦？是不是香港自然環境變得越來越好了？昨天就聽見一個搞研究的專家説什麼安全感越大，生育慾越高的理論。這些年，香港次生林確實是越來越成熟，的的確確能夠豐衣足食了。」

就像當年趕着鴨子的唐寶雲，母豬嗅着霉濕的空氣，心滿意足，施施而行，慢慢遊。六隻丁點大的像是頂着西瓜皮的小豬，搖搖擺擺，忽前忽後，前呼後擁，跟隨母豬踩着坡地，嗅着遲來梅雨帶來的那股泥土味，精神奕奕，很好奇。

「媽媽，那邊的大樹怎麼睡在瀾泥地裡了？」

停下來瞅了瞅倒地不起的枯樹，母豬似懂非懂，不明就裡。

「也許大樹是在休息吧。」

休息為的是要走更長遠的路，不是嗎？

小豬若有所悟，跑過去，踏着雨水，繞着死去的大樹團團轉，齊齊唱：

「大樹是在休息，大樹是在休息，……」

雨，還在沖刷着倒樹，像是在為樹洗滌那令人難堪的羞辱。

水，就在樹林裡的坡地，滙流成溪，聚集為澤。

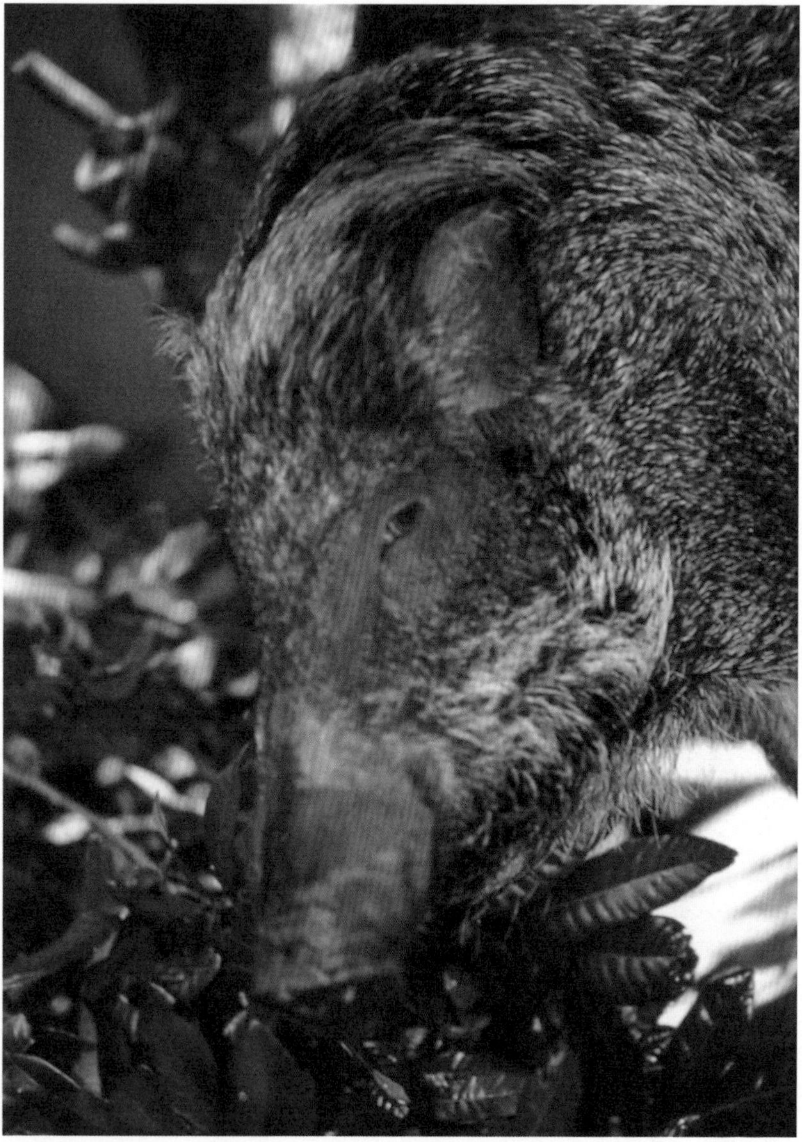

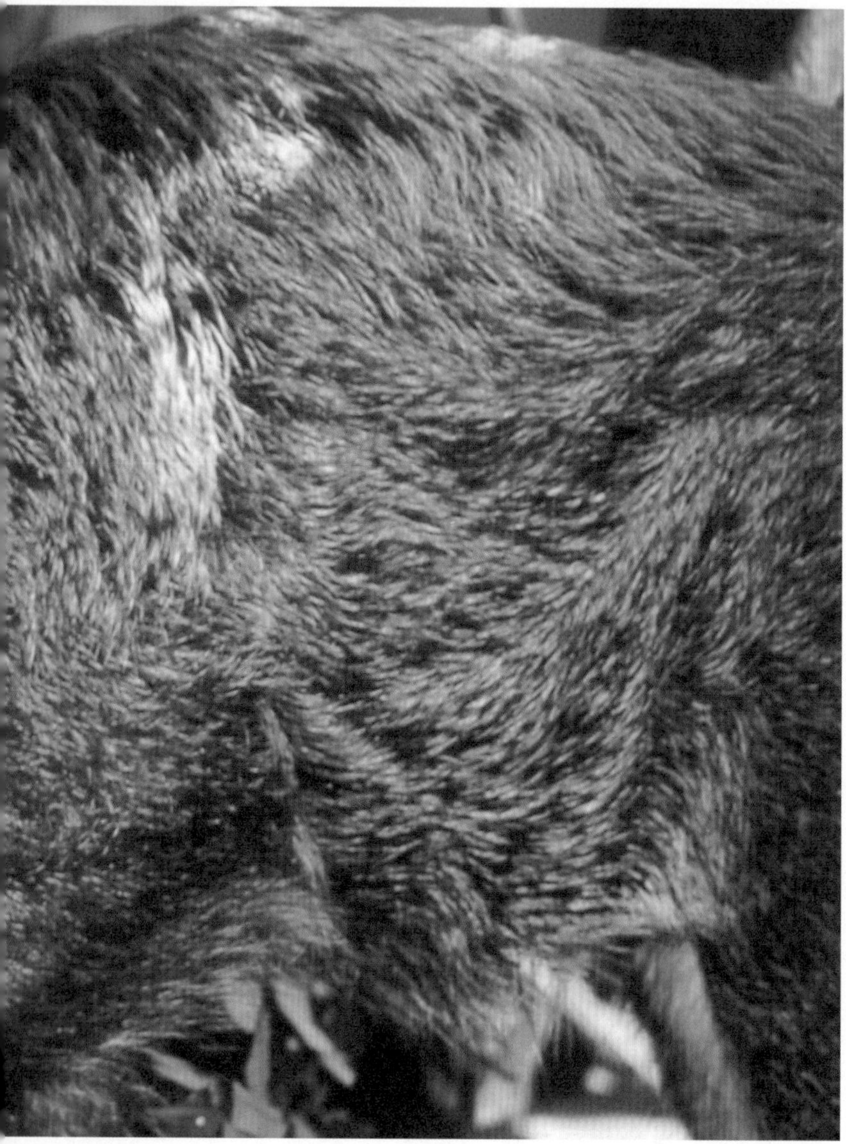

野豬(*Sus scrofa*)
於新界九龍半島日常活動模式

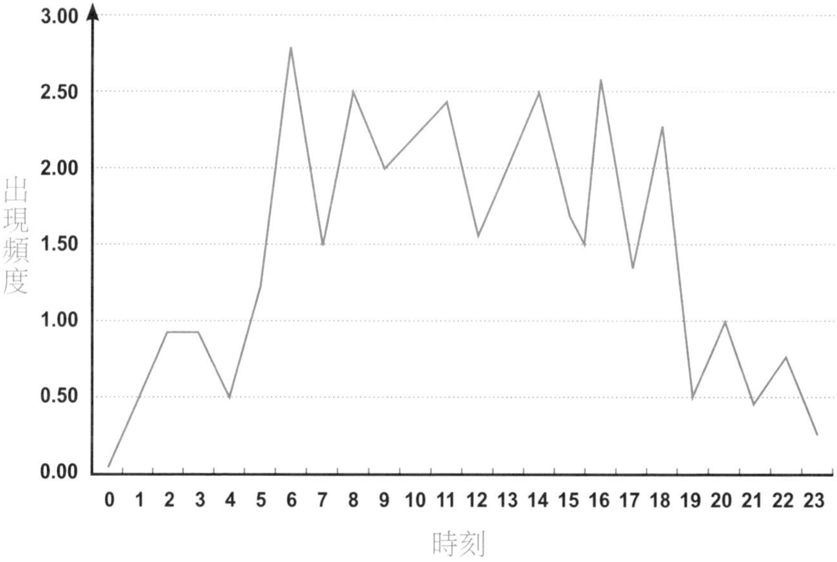

出現頻度 Occurrence Index (OI)

指每一千個相機工作小時內所拍得的動物個體數

$$OI=\frac{\text{所拍得的動物個體數} \times 1000}{\text{該動物出現地區的相機有效工作時數}}$$

新界九龍　時間：04:16　紅外線熱感應自動相機拍攝

香港本島　時間：19:07　紅外線熱感應自動相機拍攝

新界九龍　時間：11:37(六隻小豬)　紅外線熱感應自動相機拍攝

新界九龍　時間：11:37(六隻小豬)　紅外線熱感應自動相機拍攝

新界九龍　時間：16:01(三隻)　紅外線熱感應自動相機拍攝

新界九龍　時間：15:36(二隻)　紅外線熱感應自動相機拍攝

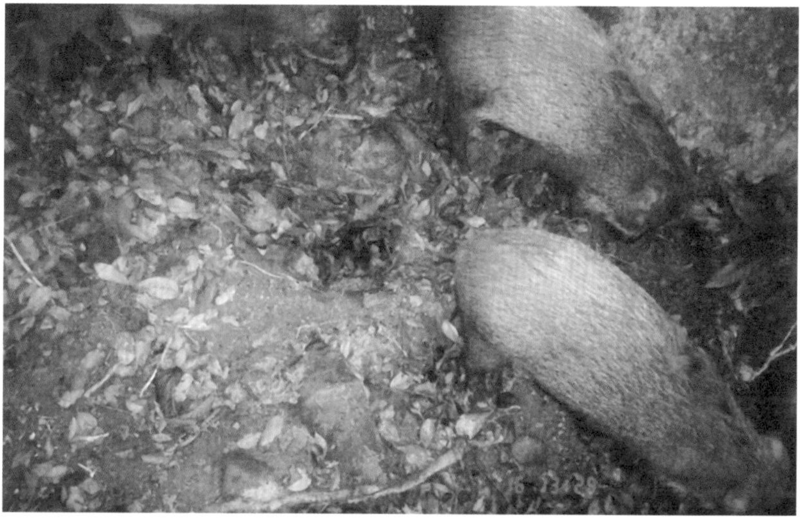

新界九龍　時間：13:29(三隻)　紅外線熱感應自動相機拍攝

新界九龍　時間：16:51(大雨)　紅外線熱感應自動相機拍攝

新界九龍　時間：10:37(大雨、二隻)　紅外線熱感應自動相機拍攝

新界九龍　時間：15:52　紅外線熱感應自動相機拍攝

新界九龍　時間：17:35　紅外線熱感應自動相機拍攝

新界九龍　時間：11:00　紅外線熱感應自動相機拍攝

新界九龍　時間：12:19(二隻)　紅外線熱感應自動相機拍攝

新界九龍　時間：13:29(二隻)　紅外線熱感應自動相機拍攝

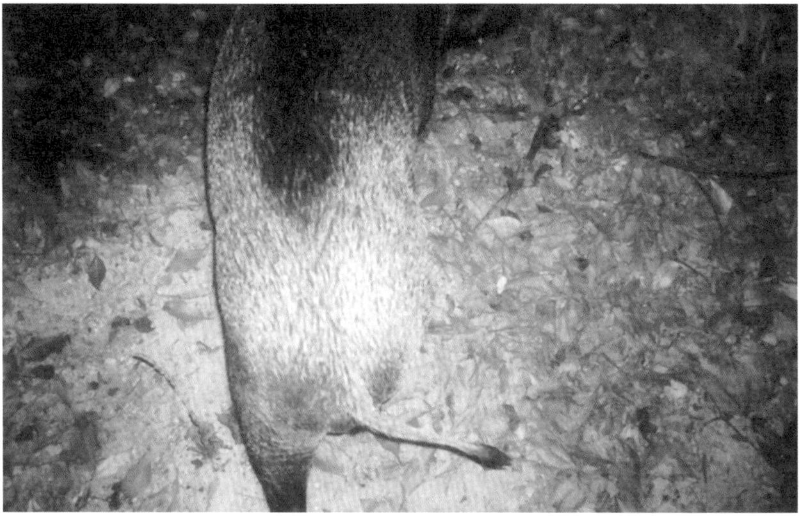

大嶼山離島　時間：23:12　紅外線熱感應自動相機拍攝

新界九龍　時間：10:37(大雨、二隻)　紅外線熱感應自動相機拍攝

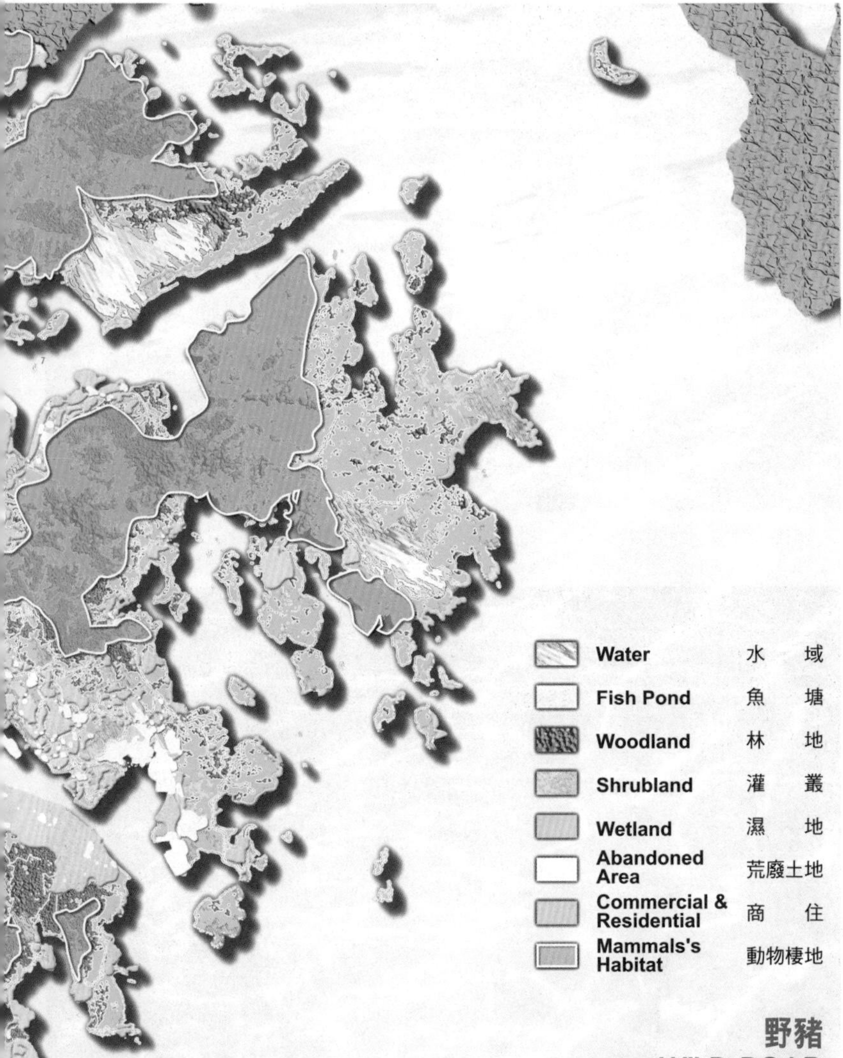

野豬

WILD BOAR

Sus scrofa Linnaeus

模糊的腳印

PUBLISHING ： 郭良蕙新事業有限公司
KUO LIANG HUI NEW ENTERPRISE CO., LTD.
Room 01-03, 10/F., Honour Industrial Centre,
6 Sun Yip Street, Chai Wan, Hong Kong.
Tel: 2889 3831 Fax: 2505 8615
E-mail : klhbook@klh.com.hk
HONOR PUBLISHER ： 郭良蕙 L. H. KUO
MANAGING DIRECTOR ： 孫啟元 K. Y. SUEN
DEPUTY GENERAL MANAGER ： 黃少洪 SICO WONG
DIRECTOR ： 吳佩莉 LILIAN NG
SENIOR DESIGNER ： 陳安琪 ANGEL CHAN
PRODUCTION SUPERVISOR ： 劉明土 M.T. LAU
PRINTER ： KLH New Enterprise Co., Ltd.
Room 01-03, 10/F. Honour Industrial Centre,
6 Sun Yip Street, Chai Wan, Hong Kong
Tel : 2889 3831 Fax : 2505 8615
香港及澳門總代理 ： 香港聯合書刊物流有限公司
香港新界大埔汀麗路36號中華商務印刷大廈3字樓
電話：(852) 2150 2100 傳真：(852) 2407 3062
Email : info@suplogistics.com.hk
台北總代理 ： 聯合發行股份有限公司
新北市231新店區寶橋路235巷6弄6號2樓
電話：(02) 2917 8022 傳真：(02) 2915 7212
新加坡總代理 ： 諾文文化事業私人有限公司
20 Old Toh Tuck Road, Singapore 597655
電話：65-6462 6141 傳真：65-6469 4043
馬來西亞總代理 ： 諾文文化事業有限公司
No. 8, Jalan 7/118B, Desa Tun Razak,
56000 Kuala Lumpur, Malaysia
電話：603-9179 6333 傳真：603-9179 6063

模糊的腳印
ISBN 978-988-8449-11-8 （平裝）

定價 港幣HK$105 台幣NT$420

初版：2017年 4月 (修訂版)